U0163620

少吃油 吃好油

Edible oil: less and healthier

王兴国 编著

中国轻工业出版社

图书在版编目（CIP）数据

少吃油 吃好油 / 王兴国编著. —北京：中国轻
工业出版社，2022.12

ISBN 978-7-5184-4170-9

Ⅰ.①少… Ⅱ.①王… Ⅲ.①食用油—普及读物
Ⅳ.① TS225-49

中国版本图书馆 CIP 数据核字（2022）第 197609 号

责任编辑：张 靓 责任终审：劳国强 整体设计：锋尚设计
文字编辑：刘逸飞 责任校对：宋绿叶 责任监印：张 可

出版发行：中国轻工业出版社（北京东长安街6号，邮编：100740）

印 刷：北京博海升彩色印刷有限公司

经 销：各地新华书店

版 次：2022年12月第1版第1次印刷

开 本：710×1000 1/16 印张：7.25

字 数：100千字

书 号：ISBN 978-7-5184-4170-9 定价：36.00元

邮购电话：010-65241695

发行电话：010-85119835 传真：85113293

网 址：http://www.chlip.com.cn

Email：club@chlip.com.cn

如发现图书残缺请与我社邮购联系调换

221190K1X101ZBW

序一

"民以食为天"。食品为人类营养所必需。"吃什么，如何吃"是食品营养学研究的主要内容，也是人们既非常关心又感到困惑的问题。这方面需要回答的具体问题，**一是人需要什么营养；二是食物含有什么营养素，其中包括食品加工对营养素的影响；三是在日常生活中如何合理摄取营养**。一本科普书要把这些问题讲得通俗易懂，是非常不容易的。

王兴国教授是我国培养的第一个油脂工程博士，几十年来一直致力于食用油研究，具有扎实的食品营养知识，尤其对油脂加工的过程了如指掌，是一个能够用通畅而准确的语言把食用油说清楚的人。与一般的食用油科普书不同，本书不是仅仅从营养素角度讲食用油，更多是结合油脂加工和使用过程介绍油脂营养，主要体现在以下三个方面。

●●● 第一，原理性

科普书一般少说原理，通常采用问答形式，设身处地拟出读者最可能疑惑之处，然后作答，交给他们事实。但读者阅后脑洞大开，仍然会冒出意想不到的问题，之所以这样，是因为作者只传播了知识，而没有传授科学的思维方式。具体的知识很可能会随着新的证据发生变化，而科学的思维方式可以受用终身。本书注重原理性，从饮食习惯谈起，从营养平衡的多个维度介绍食用油，层次分明，逻辑严密；同时每解答一个问题，只要有可能，都会尽量说出背后的道理，这才是一本科普书最需要普及的东西。

●·· **第二，新颖性**

　　随着科学技术的发展，对油脂营养的认知日益深化，不时有更新的资料出现，使一些原先流行的学说得到了修正，甚至颠覆了很多历史结论。例如，1992年以前的膳食指南建议尽量少吃油，但没有区分不同的油，这种简单化的吃油建议肇始于单一营养素思维，在实践中则贻害无穷。一个明显的例子是，近几十年来尽管少吃油脂已成为时尚，但慢性疾病的发病率不但没有减少，反而持续上升。新的证据表明，饮食对健康的影响是多样、复杂的，难以从任何一种单一营养素加以推断。**有益伴随物丰富的食用油不只是一种高能量食品，还是一种具有高营养素密度的完整食物，其健康功效远超纯净油脂本身。**本书将油脂营养的关注点从脂肪酸拓展到了伴随物，并在整体膳食视角下提出了食用油与健康之间关系的新观点，不仅吃油的数量与健康密切相关，油脂的种类、有益伴随物的盈缺也非常重要。换言之，吃油的多少，只是问题的一个方面，关键吃什么油，以及如何吃油。

●·· **第三，应用性**

　　这本书较多着墨于油脂营养知识在食物加工与烹饪中的应用。营养学与食品加工和烹饪的关系密切。食品加工、保存、烹调过程应该尽量保持营养素不受或少受破坏，同时注意降低风险。值得一提的是，近年来人们已经高度重视如何在油脂加工、使用期间保存和改善营养价值，在衡量食用油的品质时，把安全卫生和营养放在首位，其次才是色、香、味等感官指标。一个突出的例子是，王兴国教授团队大力倡导的食用油精准适度加工模式已受到学术界和工业界高度关注，并在全国推广，这方面内容在本书中多有呈现。消费者若对此有所了解，对于油品的正确选用是会有帮助的。

众所周知，任何一种天然食物都不能提供人类健康所需的全部营养素，即使存在这样的"超级食物"，其所含的各种营养素之间的比例关系也不可能完全符合人体需要。同时，由于我国社会经济的发展和人民生活习惯的改变，在一些地区的部分人群中，肥胖、高血压、高脂血症、动脉粥样硬化等因营养失调的疾患发病率正在快速上升，发病年龄也在提前。这些情况表明，消费者掌握一些营养知识是非常必要的。

有鉴于此，郑重地将本书推荐给广大读者。

中国工程院院士

序二

柴米油盐酱醋茶，是老百姓家庭中的必需品。我们每天都要吃油，身体所需的多种营养物质都来自饮食中的油脂，包括看得见的烹调油，也包括食物中隐藏的油脂。随着生活水平的提高，我们对油脂的要求越来越高。在凭票定量买油的时代，能吃到油分大的食物就满足了；后来到了"想吃就吃"的时代，就要求吃"安全放心"的油脂；现在则要求吃"好"的油脂。确实，吃对油是保证身心健康的一个重要方面，否则可能影响乃至破坏人体正常的生理功能，导致多种慢性疾病的发生。

我们可以从各种渠道获得关于吃油的很多信息，很多时候这些信息可能相互矛盾。例如，曾几何时，国内外的膳食指南都建议尽量少吃油，尤其少吃动物油，但受到慢性疾病困扰的人反而越来越多。人们不禁要问，除了需要关注吃油的数量和油脂的饱和程度以外，是否还有更为重要且被忽视的其他因素？

我们认为，**适量吃油是健康均衡饮食的重要组成部分**，吃油的多少是油脂营养的一个重要方面，但并非全部，油脂营养还涉及一系列重要问题。

●·· 一、为什么要吃油？

首先当然是为了满足身体每天所需的营养，让我们变得更健康；另外，富油的食物美味可口，让人食欲大增；合理地饮食可以促进健康，而多种油脂具有独特的健康功能，可以防治一些疾病。无论从以上哪一点出发，吃油并非越少越好，而是合理适量吃油，以满足基本生理需要为度。

二、什么是好油？

保证健康的关键之一是吃好油。什么是好油？好油的标准应该是既营养丰富又安全放心的油脂。**好油不仅取决于原料，还与加工过程紧密相关。**例如，橄榄油的优质绝不仅仅在于其富含油酸，还在于其独特的制油方式保留的丰富营养物质。所以，平时应该尽量避免选用加工不当的油脂，这种油脂中脂溶性营养成分尽失，只剩下能量。这种油偶尔吃不会造成伤害，但是长期食用会严重危害健康。

油的优劣还因人而异。每个人的体质或健康状况存在差异，对营养的需求是不同的；同时，每个人对营养物质的消化吸收和代谢也存在差异。所有这些都决定健康饮食应该是因人而异的，对某人有益的油品对另一个人则不一定，还可能有害。这种差异在很大程度上与人体内环境有关，每一个人的身体环境都是独一无二的，个体的饮食应该与其相匹配。例如，有的人可能对某些油脂过敏，对于他们，即使这些油脂营养丰富，也应该尽可能避免。又如，生酮饮食是针对特定人群开发的饮食，用油量很高，普通人不应该随意效仿，特定人群吃了生酮饮食改善了健康状况以后，也应该逐渐恢复到正常饮食。

三、怎么吃油才健康？

不能觉得选择了好油就万事大吉了，用好油、善其用，也至关重要。找到适合自己的健康吃油习惯并非容易之事，既涉及食品营养问题，也与食品加工与烹饪过程有关。

同样的油脂，采用不同的烹饪方式，会导致不一样的健康效果，比如亚麻籽油凉拌与煎炸的功效是不一样的。

甚至什么时候吃油也有讲究，因为进食时间可以影响人体生物钟。当然油一般是与食物一起吃的，什么时候吃油的问题，实质是如何合理安排进食频次和时间的问题，让进食时间与人体生物节律同步，让油脂更好地为身体工作。总的原则：早上多吃，晚上少吃，白天摄入每日所需热量的四分之三；尽量保持每日吃油量的一致性和进食的规律性。

总之，在讨论吃油的健康法则时，我们需要从上述诸方面进行思考，通过总量控制、合理搭配和科学运动，既能尽情享受美味带来的愉悦感受，同时保持身心健康、身材紧实，达到两者兼得的最佳境界。

中国工程院院士

谢叩西

前言

我从事食用油加工的教学和科研活动三十多年，平时常常碰到周围的人问起诸如"吃什么油好，如何吃"之类的问题，每次受邀讲演也发现听众对此类问题充满兴趣。这些问题貌似简单，但仅仅用几句话是解释不清楚的，因为它们不但涉及营养素的系统学问，而且背后隐藏着很多食品加工和烹饪的知识，这也是促使我写这本科普书的初衷。

对于大多数人而言，**油脂是众多食物元素中对健康影响最大，也是最令人费解的**。油吃少了不行，吃多了也不行；**有些油能预防疾病，有些油却能致病**。即使选对了油脂，由于食用方法不当，仍然可能影响健康。在现代化的大超市货架或电商平台上，陈列着各色不同品种、不同品牌、不同容量、不同包装的油品，可谓琳琅满目，但消费者要从促销广告、营养标签等信息中选择到自己需要的食用油，是有相当难度的，更不要说了解其加工技术、烹调与食用方法、健康获益和风险代价了。

为了改变这一状况，消费者需要在日常生活中掌握一些油脂相关的基本知识。为此，我们针对"什么是好油，该吃多少油，如何吃油用油"等热点话题，遴选出家庭消费者和餐饮业人士最为关心的57个油脂相关问题，进行详细解答，并尽量说出背后的科学道理。期待本书能帮助消费者丰富油脂营养知识，正确认识食用油的功能和作用，科学合理地选用油品，获取最佳营养，更好地保障自己和家人的健康。

王兴国
于中原食品实验室

目录

食之道

第一部分

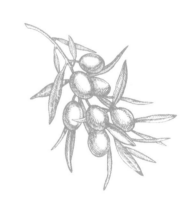

少吃油

第二部分

吃好油

第三部分

第四部分 善用油

第一部分 食之道

1 饮食的模式

通常，我们每个人的一日三餐可能自觉或不自觉地遵循着某一种特定的饮食模式，当然，大多数人是不自觉的。

饮食模式也叫膳食模式、膳食结构、膳食习惯等，主要是指食物的类别、品种、数量、比例（组合搭配）、日常消费的频率，甚至食物的烹调方式。**饮食模式与身体健康密切相关**。吃什么、怎么吃，长期的习惯都会在一定程度上对健康产生或积极或消极的影响。

西方饮食模式以动物性食物为主

通常消费大量的畜肉、奶、家禽、蛋等，而谷物消费不多。其优点是优质蛋白质丰富，缺点是高热量、高脂肪、低膳食纤维，容易诱发肥胖和慢性疾病。

与西方饮食模式相比，我国居民传统饮食模式以植物性食物为主

谷类、薯类和蔬菜的摄入量较高，肉类吃得比较少，奶类消费在大多地区不多，大豆及其制品的消费因地区而不同。这种饮食模式中蛋白质和脂肪的摄入量均较低，矿物质和维生素不足，易患营养缺乏病。

饮食模式并不是固定不变的，而是随时代发展变化的。全国营养调查和监测数据（1982—2012年连续每十年一次，2012年后每五年一次）显示，我国居民的膳食结构发生着巨大的变化。总的趋势是，植物性食物的比例减少，动物性食物的比例不断增加。日常餐饮结构从20世纪90年代开始慢慢西化，从以前的大量主粮、少油、少肉，演变成现在的少量主粮、多油、中等水平肉。随着饮食模式的这种变化，出现了新的营养失衡现象，即饮食中脂肪增加，能量营养素增加，微量营养成分降低，由此导致慢性疾病发病率快速上升。

　　《中国居民膳食指南》可以说是指导我国居民吃饭的标准。最新的《中国居民膳食指南（2022）》首次提出，以我国江浙沪粤闽饮食模式为代表的"东方膳食模式"是比较健康的饮食模式，其主要特点是清淡少盐、食物多样、蔬菜水果豆制品丰富、鱼虾水产多、奶类天天有、身体活动水平较高。这种模式避免了营养素的缺乏，降低了慢性疾病的发病率，提高了预期寿命。

　　膳食指南阐述了饮食的基本原则，由于每个人对食物的消化吸收和代谢能力不同，因此不存在适合普罗大众的"完美"的饮食方式，饮食模式是因人而异的。

中国居民平衡膳食宝塔(2022)
Chinese Food Guide Pagoda(2022)

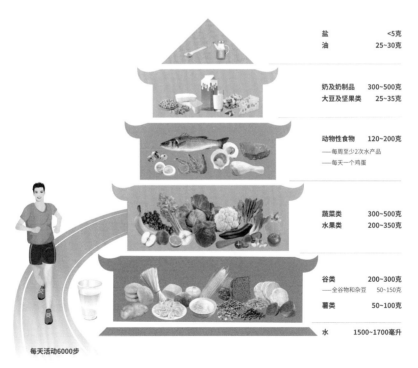

盐	<5克
油	25~30克
奶及奶制品	300~500克
大豆及坚果类	25~35克
动物性食物	120~200克
——每周至少2次水产品	
——每天一个鸡蛋	
蔬菜类	300~500克
水果类	200~350克
谷类	200~300克
——全谷物和杂豆	50~150克
薯类	50~100克
水	1500~1700毫升

每天活动6000步

2 食物三大能量营养素

　　食物含有糖类（碳水化合物）、脂肪和蛋白质三大能量营养素，它们除了向人体提供能量外，还为身体提供原材料，使器官、组织和细胞能够全天候工作和更新，各自发挥独特的生理功能。正常情况下，它们相互转化，彼此制约，处于一种动态平衡之中。这三大营养素又称为宏量营养素，因为身体对它们的需要量较大。

　　在热值上，1克脂肪约等于2.25克糖类或2.25克蛋白质。糖类与脂肪，在很大程度上可以相互替换，并具有节约蛋白质的作用，但这只是从能量的角度来说，而且也只能在一定的范围内才是合理的。

　　糖类、脂肪和蛋白质普遍存在于各种食物中，但是动物性食物一般比植物性食物含有更多的脂肪和蛋白质。在植物性食物中，粮食、淀粉类蔬菜、水果以糖类为主，糖类是最常见、廉价的能量营养素，来源方便。花生、芝麻、核桃等油料作物含有丰富的脂肪，从而具有很高的能量。大豆是粮油兼用型作物，富含油脂与蛋白质。蔬菜类一般是低能量的。

　　为迎合人们的口味，有些食品在加工后变得高盐、高脂和高糖，能量也就随之提高了，如饼干、可乐都含有较多的能量。加工食品中含有能量的多少是一项重要营养指标，可以满足不同人群对热量的需求，食品标签都需要标注。

能量来源食物和合理搭配

提供能量的营养素	能量供应比例	主要食物来源
糖类	50%~65%	谷物、薯类
蛋白质	10%~15%	畜禽肉类、鱼类、大豆
脂肪	20%~30%	植物油、动物油

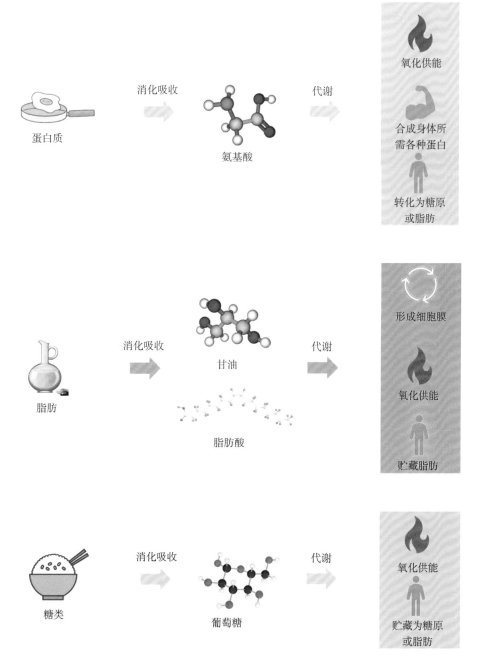

糖类、脂肪和蛋白质的生理功能

3 脂肪、糖类和蛋白质的平衡关系

在很多情况下，糖类、脂肪和蛋白质在体内各有其特殊的生理作用，相互之间并不能替换。例如，大脑仅利用葡萄糖和酮体供能；糖类和蛋白质可以在体内转变为脂肪，但脂肪不会转化为糖类和蛋白质；必需脂肪酸是脂肪的重要组成成分，人体无法自己合成，必须由食物摄入，而且脂肪还是脂溶性维生素的载体，故不能用糖类、蛋白质代替。

一般就供能比而言，**糖类占50%～65%，脂肪占20%～30%，蛋白质占10%～15%，是适宜的**。当然，婴幼儿、孕产妇、体力劳动者和大运动量者的脂肪供能比还可以提高。

这三大营养素作为能量来源，无论是能量密度，还是其动用的次序、效率、持久性都不相同，故不能一视同仁。**脂肪的能量密度最大，其单位质量供能是糖类和蛋白质的2.25倍**，但从上述供能比看，脂肪供能比糖类少得多，蛋白质更少。三者的供能次序也有类似现象，它们都参与供能，但不同时间参与供能的比例不一样，糖类是优先的主要供能物质，糖类不够时才开始有效地消耗脂肪。总之，**糖类是三大能量营养素中消化吸收最快、供能比例最大的，但脂肪的能量密度最大、供能更持久平稳**。

充足的脂肪可以保护体内蛋白质不被用作能源物质消耗，从而使蛋白质有效地发挥其重要生理作用。蛋白质作为生命的基础，是人体细胞组成和修复的主要物质，如果通过分解蛋白质来提供热量，则是大材小用，故蛋白质一般很少用以供能。

糖类和脂肪二者与健康的关系令人关注。身体首先主要消耗糖类，糖类供能最快（事实上单糖、双糖和淀粉也存在明显差别），但也容易引起血糖和胰岛素的不稳定。而脂肪供能较为平稳。单位质量糖类的供能值只有脂肪的一半，如果一味从糖类摄取能量，则必须增加摄食量，这不但会加重胃肠道的负担，也势必减少了其他营养素的获得，不利于营养均衡。不幸的是，这种状况在现实中长期存在。现代人一日三餐以精白米饭、面粉等为主食，而且绝大部分人长期如此，这样的饮食方式使得人体供能以糖类为主，而脂肪为人体供能的系统基本关闭了。其结果是，**膳食脂肪以及由多余的糖转化而来的脂肪，就很容易作为体脂在身上囤积起来，成为肥胖和慢性疾病的一大诱因。**

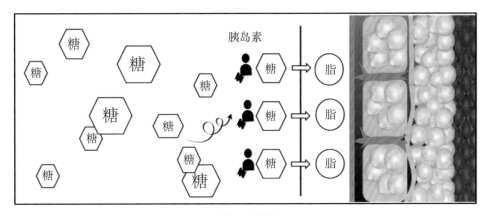

糖转化成脂肪

总之，三大能量营养素并非简单的孰优孰劣，它们与健康的关联复杂多样，对健康的影响不仅仅在于总摄入量，具体搭配也大有讲究，同时最佳搭配也是高度个性化的，因人而异。

鉴于三大能量营养素各自有着重要的、不可替代的作用，在日常生活中一味拒绝某一种能量营养素对健康是非常不利的，"谈脂色变""谈糖色变"都是不对的。**三大能量营养素必须保持适宜的比例，才能使膳食平衡得以保证，达到营养健康的目的，否则将引起一系列的代谢紊乱。**

4 燃糖模式与燃脂模式

三大宏量营养素在人体中的代谢过程是复杂的，没有很纯粹的先来后到，通常情况下是同时进行的，只不过是比例大小的问题。比例的大小和绝对值受到多种因素的影响，如饮食、运动、性别、年龄和身体状况等。总体来看，人体内能量营养素消耗的顺序是糖类—脂肪—蛋白质。蛋白质一般很少用以供能，身体主要由糖类和脂肪供能，因此就有"燃糖模式"和"燃脂模式"之分。

两种供能模式

我们平时吃的主食，米饭、面包、馒头、包子之类，主要成分都是糖类，它们给我们的身体提供了日常所需的大部分能量，人体首先消耗糖类作为能源。

食物中的淀粉等经分解转换成为人体可以吸收利用的葡萄糖，即被小肠上皮细胞吸收进入血液，即为血糖。血糖在胰岛素的帮助下进入细胞，用于维持细胞组织的能量需求，若有盈余的部分，将会以糖原的形式贮存在肝脏和肌肉细胞中，如果还有盈余，就会转化成脂肪，贮存在脂肪细胞中。

在摄入甜食和淀粉类主食较多的状态下，吃进去的油几乎就不参与供能了，即消耗很少，大部分就会以脂肪形式囤积在身体里。这种基本上依赖糖类供能的方式即为"燃糖模式"。在这种模式中，身体堆积的多余脂肪主要来源于糖类和未被用于供能的膳食脂肪。

相反，当淀粉类主食摄入不足时，血糖及胰岛素水平降低，糖原贮存和糖合成脂肪的能力就被抑制，若血糖储备不足以完成正常的血糖供应，身体就转而利用脂肪供能，这就是燃脂模式。从消耗身体脂肪这个角度看，适度的低糖饮食是有利的。

综上所述，调整饮食结构，就可以改变身体的供能模式，因此，平时不能仅仅根据食物所含热量来作出"吃与不吃、吃多吃少"的判断，在同样的热量下，改变糖类、脂肪之间的比例，就会对人体机能和健康产生很大影响。

5 植物营养素

众所周知，传统的微量营养素包括16种矿物元素和13种维生素。不过，植物性食物中还普遍含有这些传统微量营养素之外的微量营养物质——植物化合物，也称为植物营养素。2013版《中国居民膳食营养素参考摄入量》（DRIs）首次系统介绍了18种植物营养素，建议通过在饮食中增加植物化合物的摄入，来干预现代人的健康问题。

植物营养素是传统营养素以外的化学物质 ▶ 植物营养素是指那些有益健康，但又不符合传统必需营养素标准的营养成分，例如植物甾醇、植物多酚等，种类很多。这些物质来源于各种植物，也可以通过一定手段和方法分离提纯出来，这就是植物提取物，可用于保健、医疗等目的。

植物营养素是植物次级代谢产物 ▶ 过去对其健康作用研究不深入。近二十多年来，人们不断发现其在防治人类慢性疾病中可能具有重要作用，对它们的重新认识已被认为是现代营养学发展的一个里程碑，其重要意义可与抗生素、维生素的发现相媲美。

动物性食物中当然也含有一些微量营养成分，不过其种类不像植物性食物那样丰富，尚未引起关注。

6 "隐性饥饿"

肚子饱了就是真的"饱"了吗？人体维持健康，不仅需要糖类、脂肪、蛋白质等宏量营养素，还需要各种矿物质、维生素等传统微量营养素和各种植物化合物。简言之，微量营养成分=传统微量营养素＋植物营养素。

人缺乏宏量营养素时会感到饿，而微量营养成分不足时则难以察觉，所以很容易被忽视。这种机体由于缺乏微量营养成分而产生隐蔽性营养需求的饥饿症状就叫"隐性饥饿"。

随着生活水平的提高，吃饱已不是问题，典型的因维生素或矿物质极度缺乏导致的疾病业已杜绝，但微量营养成分摄入长期不足的问题仍然存在，《中国居民营养与慢性病状况报告（2015）》显示，我国民众饮食中钙、铁、维生素A、维生素D等多种微量营养素仍没达到推荐摄入量。据估计，我国"隐性饥饿"的人数已经达到3亿。

微量营养成分不足，机体就会优先维持短期生存所需的代谢过程，如基础能量代谢等，而维持机体对DNA保护、抗氧化防御等长期健康所需的代谢过程会被削弱，从而影响免疫系统发挥作用，导致健康"短板"，长此以往就会引发慢性疾病。现代医学发现，七成慢性疾病与"隐性饥饿"有关。"隐性饥饿"还会导致出生缺陷，影响婴幼儿早期发育，导致永久性认知功能障碍，严重影响一个国家的人口素质和经济发展。

解决"隐性饥饿"难题的营养建议是做好膳食平衡，养成良好的饮食习惯，做到荤素巧搭配、粗细巧搭配等，必要时可适量服用膳食补充剂，但最好是从日常食物中补充相关的微量营养成分。

导致"隐性饥饿"的主要原因：一是环境稀释效应。表现在自然环境和农业生产方式的改变，导致了农产品的营养素密度大幅下降，例如，有些素菜蔬菜的维生素C含量与50年前相比，竟然下降了50%以上。二是饮食模式的变

迁。例如饮食结构不合理、食品过度加工、烹调方式不正确以及不良生活方式
（例如抽烟、酗酒等）都会导致微量营养成分的大量流失。

容易发生"隐性饥饿"的人群：

1. 儿童、青少年、怀孕和哺乳期妇女，他们对微量营养成分的需求较常人高。
2. 偏食、挑食、用零食替代正餐者，这些人往往难以从饮食中摄取足量的微量营养成分。
3. 慢性胃肠炎患者，因消化吸收障碍难以获取足量微量营养成分，或因长期腹泻而导致微量营养成分丢失。
4. 肥胖人群，并非真正是营养过剩，其实只是脂肪过剩，其他微量营养成分仍然可能缺乏。

综上所述，在人体所需能量和其他各种微量营养成分之间，也应保持一定的平衡关系。不管是哪种食品，除了含有能量以外，最好还含有一定的维生素、矿物质和其他有益成分。能量非常高，而其他营养成分很少的食品又叫"空能食品"，如过度精制食用油、精制糖、淀粉、酒精等，它们几乎是"垃圾食品"的代名词。

当然，从营养学的角度而言，不存在"垃圾食品"这一说法，只有不合理的食物搭配。单一种食物无所谓好坏，关键是它的数量以及与其他食物的搭配。由于任何一种食物都不可能提供人体所需的全部营养，因此不可偏食，食物品种要多样化，食物搭配要科学。总之，平衡合理的饮食结构才是充足能量和良好营养的可靠保障。

7 食品营养与食品安全的关系

我们吃任何一种食物，一般都会考虑它的营养价值如何，也会关心它是否安全卫生，可见，营养与安全是食品的两大要素，而安全是第一位的。在我国，各种食品的营养与安全指标分别依据《中国居民膳食营养素参考摄入量》和一系列食品安全国家标准而制定。

能吃到营养与安全俱备的食物当然最好，食品工业也正朝着这个方向在努力。但有些消费者追求全营养食品，并要求食品绝对安全，达到"零"风险，这是一大误区，因为自然界并不存在这样理想的食品，通常的情况是，安全的食品不一定有最好的营养，有营养的食品也不一定非常安全。

如何看待食品营养与食品安全之间的关系？

如果只关注和强调其中之一，都会失之偏颇。实际上，如果将食品中的营养成分纳入考虑，一些不安全成分对健康的影响就需要重新权衡，反之亦然。

以油料油脂为例，经过工业革命200多年的洗礼和石化农业大半个世纪的发展，各种污染物进入了环境，油料油脂都可能含有一些不安全成分。所以，其营养获益与风险代价是并存的。

对某种食物而言，营养获益越多，就更加安全，反之亦然。面对不同食物，需要定量比较其风险和获益，才能做出"吃与不吃、吃多吃少"的抉择。一般人的理性认知是，将食品安全作为食品营养的前提，因为营养素的获取还可以通过食物搭配、服用膳食补充剂等途径来解决，而如果连食品安全都还不过关，摄取营养的同时还在摄取毒素，就不必提营养了。

谈到食品营养与食品安全，尤其要关注量变与质变之间的关系。最安全、最营养的食品，过量摄入也会超过人体代谢的负荷，带来摄入量超标导致的风险；安全性不高的食品，偶尔、少量摄入可能也不会对人体造成大的伤害。量变会导致质变，平衡、适量才最为重要。

8　营养摄入与消化吸收的关系

　　人们常根据各种食物中营养成分的含量来制定自己的一日三餐，以保证营养的均衡摄入，但只考虑摄入量是不够的，更应该考虑消化吸收的情况。

　　消化与吸收是两个紧密联系的过程，食物在消化道内的分解叫消化，消化后营养物质透过消化道黏膜进入循环系统被运送到机体各部分的过程叫吸收。

　　由于摄入的营养素并不能全部转化为人体所需要的，就有了吸收的概念。吃同样的食物，结果可能不一样，有人营养正好，有人可能不够，有人可能就营养过剩了，这就跟吸收有关。消化吸收受到很多因素的影响，总体上可以分为食物因素和人体因素。

食物因素（以脂肪为例）

　　中短链脂肪酸油脂大部分可在胃部消化，普通脂肪（长链脂肪酸油脂）则主要在小肠中进行消化，大约有90%的脂肪可消化成为甘油一酯、脂肪酸和甘油等，它们在与胆盐等形成脂肪微粒被肠上皮细胞吸收后，其中的中短碳链脂肪酸由血液经肝门静脉直达肝脏，而长碳链的脂肪酸、甘油一酯在细胞内质网上重新合成甘油三酯，再与蛋白质等构成乳糜微粒，经由淋巴系统和体循环运输到达肝脏。可见，不同碳链长度的脂肪酸，其吸收途径和效率是不一样的。

　　脂肪的消化吸收也受到脂肪酸在甘油三酯分子上位置的影响，1、3位上的脂肪酸可被胰脂酶选择性地水解，进而以游离脂肪酸的形式吸收，而2位上的脂肪酸不易被水解，主要以单甘酯的形式吸收；其次，尽管各种脂肪的消化率相似，但消化速率与其熔点有关，一般认为，熔点50℃以上的硬脂消化速度不到软脂的1/2，因此，熔点高的油脂消化吸收的效率较低，时间要延长一些。

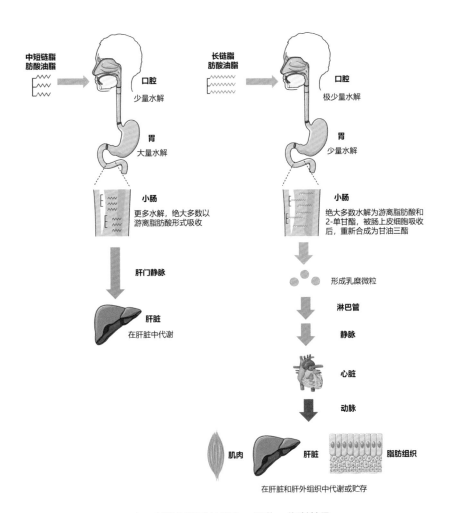

中、长链脂肪酸的消化、吸收、代谢差异

人体因素 人体的因素更为复杂。同一种油脂，不同人群的吸收可能不一样。由于吸收的主要器官是小肠，营养吸收的差异在很大程度上与肠道环境（如菌群）有关，而每一个人的肠道环境都是独一无二的，例如，婴幼儿、老年人以及消化系统长期或者短期受损的人，消化液分泌以及胃肠蠕动功能不足，消化吸收能力就比较弱。

总之，**在讨论食物营养时，不能简单地看摄入量，还需要考虑营养物质的可利用率及人体的消化吸收等因素。**

9 慢性疾病高发的主要原因

慢性疾病包括慢性非传染性疾病（如心血管疾病、糖尿病等）和慢性传染性疾病（如艾滋病、乙型肝炎等）。近年来，慢性非传染性疾病（以下简称慢性病）已成为危害人们健康的首要问题，并呈现出发病率越来越高的趋势。有关数据显示，全国慢性病患者已超过3亿人，慢性病致死人数已占到我国因病死亡人数的80%。

该类慢性病俗称"富贵病""文明病"。导致慢性病高发的原因很多，比如营养缺乏、活动量过少、环境恶化等，主要应该归因于饮食结构的失衡。《中国居民营养与慢性病状况报告（2015）》指出，近20年以来，我国居民饮食结构有所变化，膳食能量供给充足，健康状况和营养水平不断改善，人均预期寿命逐年增长；但与此同时，居民的疾病谱发生很大改变，慢性病对居民健康的威胁更加突出。

营养学家用"四多四少"总结了出现这种状况的原因：

热量太多　活动太少　　脂肪太多　营养太少　　精白太多　全谷太少　　吃盐太多　果蔬太少

可见，这种状况主要起因于饮食习惯，有些食物吃多了，包括吃油多了，有些则吃少了。

由于物质生活水平的提高，我国居民饮食已经从以前的食物短缺、营养不良发展到了目前面临的食物极大丰富的阶段，但随着饮食习惯的改变，过多摄入精白米面、油、盐等不健康的生活方式带来两方面的问题：

一方面　能量虽然摄入并不算太多，但油脂吃多了，城市居民饮食的油脂供能比达到35%，超过了合理的范围（20%～30%）。

另一方面　微量营养成分则摄入严重不足，身体处于"隐形饥饿"状态，从而陷入了"双重营养负担"的窘境，身体健康受到了严重影响。

不同时期和状况下，我们需要的营养是不一样的。当前，慢性病防控已经成为最大民生需求乃至国家战略。其中，重视膳食脂肪摄入的质和量，保证膳食脂肪的合理均衡摄入，无疑是膳食营养改善和慢性病防控的重要措施之一。

10 最值得关注的膳食平衡问题——食用油

中国居民膳食结构不平衡的主要因素是什么？

事实表明主要是由于食用油摄入过多造成的，这与欧美发达国家的情况有很大的不同。

在欧美发达国家，因为鱼肉蛋奶的消费量较大，而这些食物都是高蛋白、高脂肪的，所以其膳食结构不平衡呈现出"双高"特点。中国城市居民膳食结构却是"单高"，只有脂肪摄入量超标了。近年来我国营养学调查表明，我国城市居民饮食中脂肪占总能量的比例为36%，超出了合理范围（20%～30%），而蛋白质占总能量的比例为13%，在合理范围之内。

中国城市居民膳食中过多的脂肪是怎么来的呢？

据五年前中国疾控中心的数据显示，我国近80%家庭食用油的用量超标。城市居民人均每天摄入的85.5克脂肪中，44克来自食用油，占一半以上，比鱼肉蛋奶来源的脂肪更多。由此可见，中国城市居民膳食能量过剩，尤其是脂肪摄入量超标，主要是食用油用量过多造成的。假如少吃些食用油，减少到每人每天25～30克，节省下来的能量用主粮补充以保持总能量摄入不变，那么膳食脂肪供能比就会由36%降为27%，达到相对合理的比例，而且蛋白质和糖类的比例都合理了，膳食结构就能基本达到均衡。

为什么要重视食用油的质量问题？

需要着重指出的是，吃油的数量可能只是问题的一方面，另一方面，油的质量也是长期饮食的主要决定因素。两份相同能量和相同脂肪含量的饮食，一份是过度加工的，另一份是适度加工的，两者对身体的影响可能差异不小。

我国的食用油消费长期存在着一些误区，其中之一就是推崇精而纯的油品，市场上供应琳琅满目的各种小包装油，大部分都是经过高度乃至过度加工的精制油品，加工过程中去掉油中一些杂质的同时，也损失掉了多种微量营养成分和有益物质，还可能生成新的危害物，实际上既不"精"，也不"纯"，其营养价值和安全性值得怀疑。

总之，**食用油的数量、质量问题，或者说，过度精制食用油的用量过多，已经成为中国城市居民膳食结构失衡的主要因素，也是导致慢性病高发的罪魁祸首。** 所以，食用油是我国现阶段城市居民膳食结构中最值得关注的问题，下一阶段我国食用油消费应向"少吃油、吃好油"的方向发展。

城市居民膳食结构失衡的主要因素

食用油的数量问题

食用油的质量问题

第二部分 少吃油

1 每天适宜的吃油量

"健康要加油，饮食要减油"，但少吃油不是说油吃得越少越好，而是合理适量地吃油，以基本满足生理需要为度。

一个人每天吃多少油才是适量的？

营养学家的共识，是每千克体重吃1～2克油就可以了。比如一个体重60千克的人，每天需要吃油60～120克，为什么要有一个幅度呢？因为这与身体差异尤其是人的活动量有关，人的活动量有大有小，活动量大的人需要从食物中摄入更多的能量，需吃油的量自然也高。

应当指出，这个吃油的数量包括了食物本身所含的油脂和食用油两部分。

在合理膳食模式中，油脂提供的能量占总摄入能量的20%～30%之间较为适宜，这个比值也叫油脂的供能比，这个比例是针对成年人的，18岁以下的青少年和婴幼儿需要油脂的量要比成年人稍高些，年龄越小，油脂的供能比应适当增加。以中国成年人每天需要从食物中得到2100～3200千卡（1千卡=4.184千焦）能量来计算，按照不超过30%这个上限，换算成油脂的量，每天是70～107克。

食物中的油脂绝大部分来自肉类、蛋、奶、豆类、坚果，以及食用油（主要是烹调用油）等。《中国居民膳食指南（2022）》根据我国居民主要从动物性食品、豆类、坚果和烹调用油摄取油脂的实际情况，对成年人推荐每日摄入量：畜禽肉50～75克，鱼虾肉75～100克，豆类30～50克，蛋25～50克，奶300毫升，如果按照指南吃，那么这些食物带来的油脂大约是40克。

这40克的油脂量是这样算出来的:

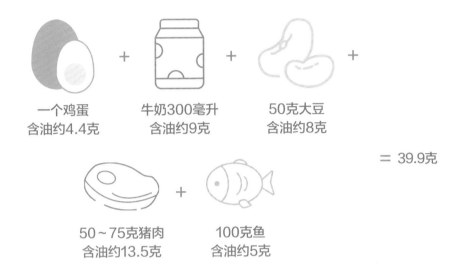

一个鸡蛋
含油约4.4克

牛奶300毫升
含油约9克

50克大豆
含油约8克

＝ 39.9克

50～75克猪肉
含油约13.5克

100克鱼
含油约5克

其他食物中还有少量的油脂,余下的量就是留给食用油的了。食用油(烹调油)的量为25～30克(幼儿和儿童酌情减少)。

每人每天食用油(烹调油)的使用量

项目	幼儿(岁)		儿童青少年(岁)			成人(岁)	
	2～	4～	7～	11～	14～	18～	65～
烹调油(克/日)	15~20	20~25	20~25	25~30		25~30	

这样就能符合膳食脂肪供能比20%～30%的基本要求。如果饮食中动物性脂肪摄入量较低,可适当增加食用油的量。

油吃多了,容易引发健康问题。但有些人极力夸大油脂摄入数量的负面作用,片面提倡少吃油,这是不对的。从长期看,若油吃得太少了,就会营养不够,包括宏量营养素和微量营养成分都会缺乏,这对健康是非常不利的。

2 吃油的目的

　　油脂是由中性脂肪（甘油三酯）和类脂构成的营养物质，对人体具有多种重要的营养和生理功能。

① 提供能量

　　脂肪是人体主要的供能物质之一。**食物中三种营养素负责给人体提供能量，分别是糖类、脂肪和蛋白质**，又以脂肪的效率最高，1克脂肪在体内氧化可产生约37.6千焦（9千卡）的能量，是相同质量蛋白质或糖类的2.25倍。正常情况下，人体每天需要的能量15%-30%来源于膳食脂肪，如果人体长期缺乏膳食脂肪，便会导致体力不足、体重下降乃至丧失活动能力。

　　婴幼儿每千克体重吃油较成人更多。例如，母乳中脂肪供能要占到母乳总能量的40%~50%。

② 构成体脂

　　吃进肚子的油脂，一部分给人体供能，若有多余的，就在人体内贮存起来以备不时之需，这种贮存脂肪简称体脂。正常男子的体脂占体重10%~20%，女子为15%~25%。当机体需要时，体脂可以动员出来氧化分解给机体供能。胖人比瘦人耐饥饿，因为前者贮存了更多脂肪。

　　体脂主要分布于皮下和内脏周围，除了供能外，还起着隔热和保护垫的作用。体脂是热的不良导体，能防止热的过度散失从而维持体温正常；体脂如同软垫把体内各器官分隔开来，以免相互挤压，并对机械撞击起缓冲作用。

　　值得一提的是，**体脂也是重要的内分泌组织，可分泌各种细胞因子，参与机体多种代谢、免疫、生长发育等生理过程。**

③ 提供必需脂肪酸

必需脂肪酸是人体不能合成，必须由食物提供的脂肪酸，包括亚油酸和α-亚麻酸，它们是细胞和组织的构成成分，具有维持皮肤、黏膜和毛细血管的完整性，参与前列腺素的合成和促进胆固醇代谢等功能。如果饮食中长期缺乏必需脂肪酸，会对健康带来很大危害。

④ 促进脂溶性维生素的吸收

维生素A、维生素D、维生素E、维生素K及胡萝卜素（维生素A原）等不溶于水，只能溶于油脂中，所以称为脂溶性维生素。它们溶解在油脂中，就容易被人体吸收和利用。如果食物中缺乏脂肪，即使吃了这些维生素，身体也很难吸收利用。

⑤ 增进食欲和饱腹感

一方面，油脂赋予食品以良好的色、香、味、形，从而增进食欲。另一方面，当油脂由胃进入十二指肠时可刺激产生肠抑胃素，使肠蠕动受到抑制，延长食物在胃内停留时间，增加饱腹感，从而和糖类、蛋白质一起为人体长时间稳定供能，防止过早出现饥饿感。故对于富含油脂的食物，也不必刻意限制，吃得适量，有时反而能减少食物和总能量的摄入。

以上基本都是中性脂肪的功能。天然油脂除了主要成分中性脂肪外，还含有对健康也很重要的类脂，包括脂溶性维生素、磷脂、糖脂、固醇、多酚等。磷脂、糖脂、固醇的主要功能是作为细胞膜的基本构成成分，它们约占细胞膜重量的50%；有些类脂具有信使作用，有的可以形成激素，在体内具有特殊的生理作用。

当然，膳食脂肪不等于人体脂肪，但人体脂肪无疑深受其影响。其中，类脂在体脂中是比较稳定的，受饮食的影响较小，而中性脂肪则更易受到膳食的影响。

3 油脂在烹调中的作用

油脂在烹调中具有相当重要的地位，无论烹制什么菜，基本上都离不开油脂。

油脂兼具传热和调味两种主要作用。一方面，油脂可以作为加热食料的介质，它的高温可使食料在短时间内烹熟，从而减少营养成分的损失。另一方面，烹调油可视为是使用最普遍的调味品，可以改善食物风味，提高食物的感官性状，增进人们的食欲。这两方面作用通常同时发生，紧密结合，不可分割。

① — 促使菜品产生特殊的香味

菜品采用油脂烹制会有香味，这种效果在烹调热菜中尤为明显。因为油脂是一种优良的香味溶解剂和保香剂，可使食料含有的亲脂性香味物质很好地溶解于其中，从而使油脂具有浓郁的香味，例如，大葱、花椒、辣椒炸制形成的香味、麻辣味都是溶于油脂的，可以增加菜肴的香味。当然，油脂自身在加热烹饪过程中也可分解出游离脂肪酸和挥发性的醛类、酮类等物质，进一步为菜肴增加特殊的香味。

② — 促使菜肴形成特殊的质地和口感

在烹调过程中通过对不同油温的控制，可以使菜品获得特殊的质地及口感，例如，温油锅可使食料蛋白质凝固，淀粉糊化，菜品形成脆嫩、柔软等质感，热油锅和旺油锅则能使食料表面的水分迅速蒸发、表层蛋白质快速凝固，防止食物的粘连，使菜品形成酥香、酥脆或外焦酥内鲜嫩等质感。

③ 促使菜品形成较好的色泽及光亮度

色泽及光亮度对菜肴是很重要的，起码是增进了食欲。首先，在油脂高温作用下，食料中糖类、蛋白质等成分发生美拉德反应而导致变色，从而产生诱人的色泽。其次，许多食料富含脂溶性色素，当其与油脂共同加热熬制时，食料中的部分色素就溶解出来，均匀分布于油中，使菜品色泽艳丽。再次，油脂具有一定黏度，密度比水小，具有反光性，可增加菜肴光洁度，如蔬菜焯水时加入少量食用油，油分子会包裹在食料表面，使色泽更碧绿、光亮。在菜肴出锅前淋入明油，则会使菜肴更加滋润饱满，增强感光度。

④ 隔热保温作用

油脂的相对密度小，在烹饪加热过程中总是浮在汤汁和菜肴的表面，好似加了一个盖子，既可减少营养物质的流失，又能提高和保持菜品温度，使菜品散热慢，缩短加热时间，节约能源。

🄴 油脂、食用油、膳食脂肪的区别

　　油脂、食用油与膳食脂肪，它们是一回事吗？

　　油脂、脂肪可以认为是同义词，但"脂肪"一词不像"油脂"那样通俗，它比较书面化，例如膳食脂肪、人体脂肪等。"油脂"则是"脂肪"的通俗说法，"油脂"可以简单地称为油和脂。通常，在常温下呈液态可以流动的叫油，呈固态不可以流动的叫脂。

　　纯净的油或脂，其化学成分是甘油三酯，是由1个甘油分子与3个脂肪酸分子结合而成的化合物，也称为中性脂肪（中性脂）、真脂。

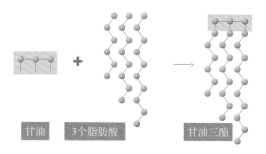

甘油与脂肪酸结合成甘油三酯

　　油脂有天然和人工之分。天然出产的油脂没有那么纯净，它们通常从动物、植物或微生物来源的原料中提炼得到，除了主要含有甘油三酯以外，还少量含有一些与甘油三酯结构或性质类似的物质，包括甘油一酯、甘油二酯、磷脂、糖脂、固醇等，这些化合物统称类脂肪（类脂）。所以，天然油脂是中性脂和类脂的统称。

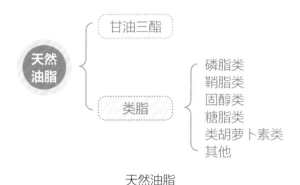

天然油脂

食用油属于油脂，但在多数情况下，**油脂与食用油并不是一回事**。食用油简称食油（edible oil），主要是指在烹饪菜肴、现制食品过程中使用的油脂，是肉眼可见的，包括各种可食用的动植物油脂，以及由它们为主要原料进一步加工而成的食用油脂制品（如家庭用人造奶油），可细分为烹调油（cooking oil）、煎炸油（frying oil）、涂抹油（fat spreads）等。在我国，主要的食用油是烹调油。

食用油不等于膳食脂肪。膳食脂肪是指每日摄入的各种食物所含油脂的总和。

> **膳食脂肪 = 食用油 + 动物性食物中的脂肪 + 植物性食物中的脂肪 + 加工食品中的脂肪**

可见，油脂、膳食脂肪、食用油三者的含义并不相同，油脂的范围比膳食脂肪大，膳食脂肪的范围又比食用油大。但它们有共同点，都来源于生物体，主要成分是甘油三酯，次要成分为类脂，可供人类利用。

5 油脂的食物来源

油脂几乎无所不在，日常吃的绝大多数食物中都含有油脂，根据它们的存在方式，可以粗略地分为：

看得见的油
——也称为显性
油脂

是已经从动植物组织中分离出来，能鉴别和计量的可食用油脂，简称食用油。主要有烹调油、煎炸油等，其他如吃西餐时涂抹的黄（奶）油、肥肉中的板油、骨头汤表面的浮油，也都是看得见的油。

看不见的油
——又叫做隐性
油脂

是没有从食物中分离出来，隐藏在食物中的那些油脂，主要来源有动物性食品（肉、蛋、奶等）、植物性食品（粮谷、豆制品等）以及各种加工食品。

隐性油脂＝动物性食物中的脂肪＋植物性食物中的脂肪＋加工食品中的脂肪

看得见的油似乎易于控制，例如烹调油每天控制不超过25～30克，这个只要加以注意，较容易做到；看不见的油每天应控制在40～50克，这部分油脂若不加注意，有时会过量摄入。

6　我国居民吃油的习惯

不同的饮食模式，用油习惯也不同。

欧美　▶
　　欧美人习惯吃烘焙食品（面包）、煎炸食品（薯条）等，烹调方法比较单调，以煎炸、烘烤为主，用油则多为色拉油、煎炸油、黄油、酥油等。这些油品均由很纯净的精制油加工而成。因此**欧美国家主要生产和使用高度精炼的食用油**。

我国　▶
　　中式烹调的方法多种多样，包括炒、熘、炖、煎、炸等，基本的方法就有20多种，但以蒸、煮、炖、炒为主，形成风味迥异、菜系丰富的饮食文化。中式餐饮讲究食物的色、香、味、形，烹调时用油较多、较重是其特点之一，动植物油脂只要经过适当精炼即可用于中式烹调，无需味浅色淡。通常选用的是液态的植物油，这些油富含多不饱和脂肪酸，且含有丰富的脂肪伴随物，营养素密度较高。

总之，从我国多数地区的消费层次和口味习惯来看，我国居民吃油，没有必要像欧美国家那样追求"又精又纯"、营养成分单一的高度精制油，造成营养失衡之后再去补这补那。

7 我国居民吃油的数量

每人每天吃多少油？既要算看得见的油，又要算看不见的油。

看得见的油比较容易估算，主要就是烹调油的用量，我国居民日常烹调用油主要是植物油，图中所示为1985年以来我国植物油消费量的变化趋势，可见在这一个时期，我国植物油人均年消费量是持续增加的，大致上经历了严重不足、不足、适宜、过量四个阶段。

联合国粮农组织（FAO）推荐的食用油温饱标准为10千克/年。《中国食物与营养发展纲要（2014—2020年）》提出到2020年全国人均消费食用植物油12千克/年，实际上这个指标我国在"十五"期间就达到并大大超过了。

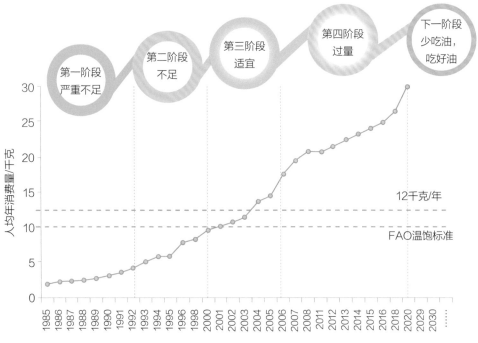

1985 年以来我国植物油人均年消费量

据粮油行业的汇总数据显示，近年我国人均植物油消费量约30千克/年，其中绝大部分（70%以上）被作为家庭烹饪用油和餐饮业用油被居民直接吃掉了，人均吃油量超过20千克/年，人均吃油55克/日以上，远超膳食指南推荐的25～30克/日。

以上是对看得见的油的摄入量的估算，看不见的油得根据居民每天吃粮食、肉、蛋、奶、水产品等食物的数量以及它们的含油量进行估算。由于生活水平的提高，这些食物比以前吃得多了，所以居民肯定也吃了不少看不见的油。

中国营养学会定期调查居民饮食与营养状况，其中就有每人的吃油量，既包括了看得见的油，也包括看不见的油，然后计算出这些油脂提供的能量占总摄入能量的比值，即供能比。数据显示，目前我国居民饮食中脂肪供能比已超过了《中国居民膳食指南（2022）》建议的上限值——30%，城市居民甚至达到了36%以上，这说明我国居民摄入油的确过多了。

总之，无论从粮油行业的统计数据，还是从中国营养学会的调查数据来看，油脂确实吃多了，而且，吃油量还有逐年增加的趋势。所以控制吃油、节约用油，已经成为当务之急。

8 如何少吃看不见的油脂

　　每人从食物中摄入的油脂量，既包括了看得见的食用油，如烹调用油，也包括看不见的油，即隐藏在食物中的脂肪。要少吃油，就要在这两方面都加以注意。

① 控制肉食，荤素搭配

　　看不见的油主要来自肉及其制品，《中国居民膳食指南（2022）》建议每天吃120～200克动物性食物，不算多，不同种类的肉，含脂量是不一样的，即使同一种肉的不同部位，其脂肪多少也相差甚远。为避免摄入过多脂肪，仍需要采取控制措施。

　　首先，要少吃高脂肪的肉类，代之以低脂肉类。

　　低脂肉类有鸡胸脯肉、兔子肉、牛里脊、精瘦肉等。高脂肉类有五花肉、肥鹅、肥鸭、肥牛、肥羊、带皮鸡翅，它们的含脂量20%～60%不等。肥瘦相间的"大理石肉""雪花牛肉"等白色越多则含脂量越高。

　　人们对肥肉避之唯恐不及，却多喜爱排骨。其实排骨的含脂量并不少，100克猪小排含脂量23.1克，已经基本上达到正常人一天的吃油推荐量。

　　猪肉含脂量普遍比牛羊肉高，如猪里脊肉含脂量7.9%，而牛里脊肉仅0.9%。畜肉含脂量一般比禽类（肥鹅、肥鸭除外）、鱼类和海鲜高。因此，若条件允许，吃肉首选鱼，禽肉次之，畜肉再次之，要少吃火腿、香肠等加工肉制品。

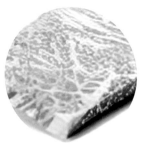

大理石肉

　　其次，肉要与蔬菜搭配好，荤素搭配是营养均衡的一大法宝，蔬菜具有稀释油脂的作用。

②— 改变烹调方式

烹调食物时，尽可能用蒸、煮、炖、焖、水滑熘、拌等方法，少采用红烧、爆炒、煎炸。即使是煎炸，煎与炸二者也有区别，煎法用油少一些。

当然，改变烹调方式意味着改变生活方式，人们不易接受，因为用大油制作的食物更香浓可口，所以餐饮业常用多油的烹饪方式，但日常居家生活建议尽量采取少用油的烹饪方式。

③— 少吃含油主食

如蛋炒饭、油条、油煎馒头、油饼等，代之以米饭、馒头、面条等不添加油脂的主食。

④— 注意易吸油蔬菜的烹调方式

茄子、杏鲍菇等很吸油，最好采用蒸的办法，而不要油炒。

⑤— 减少在外就餐频率

餐馆菜肴一般口味会较重些，免不了高油、高盐、高糖。因此要减少在外就餐频率，少点外卖，少点地三鲜、干煸豆角等高油菜肴，少吃菜汤。

⑥— 少吃高脂零食

零食通常美味可口，但很可能是隐秘的高脂食物。例如大部分坚果含脂量高达35%～70%，且体积小，很容易吃多。粗粮饼干若要有好口感，就需要用高达25%～30%的油脂"润滑"。

生活中需警惕的高脂食品还包括月饼、汤圆、色拉酱、调味酱、方便面、蛋糕、冰棍、火腿肠、奶茶、蛋卷、酥皮点心、有馅点心、烧饼、油条、油炸蔬菜脆片等。

当然，高脂并不等同于不健康，比如坚果、黑巧克力等，脂肪含量虽高，但适量摄入，却是很健康的零食。

如何少吃看得见的油脂

少吃看得见的油脂，关键是通过烹调过程减少吃油数量，方法有二。

一是尽量减少食用油的用量，本书第四部分有详细介绍。

二是在烹调过程中适当减少食材本身的含油量。例如：

在烹调肉类的时候把鸡皮、肥肉、肉皮、鱼子等肉眼可见的脂肪剔除掉，这是减少脂肪摄入的有效方法。也可以烹调前先不剔除，一起煮后，食用前再去除表皮，这样既不影响口味，又可减少油脂的摄入。

煲汤后
去掉浮油

肉类炖煮后会出油，把表面油撇出来，喝汤时就能少摄入油脂。

用于煎炸的食材，也可以用烤箱烤熟，并将部分油脂滗析出来，食物同样香脆可口，但脂肪含量能从22%下降至8%以下。

把肉煮
到七成熟
再炒

把肉煮到七成熟，此时出来一部分油，再切片炒，油量也减少了。

第三部分

吃好油

1 食用油的品种

随着油脂加工技术的进步和市场的细分发展，进入居民家庭和食品加工领域的油品日益丰富，规格不断增加。

有些厂家把某种食用油的好处说得超过其他任何油种，例如，有些油品标榜其脂肪酸组成如何合理，有些则夸大某一种脂肪酸的重要性，誉其为增长智慧的"灵丹妙药"。这些说法实际上都是误导消费者。

众所周知，油脂的主要成分是甘油三酯，同时含有各种少量的油脂伴随物，由于甘油三酯、油脂伴随物组成的不同，每种油脂的营养特点和使用性能各不相同。但没有哪一种食用油是最完美的，**消费者要根据各种油的特点而选择对自己合适的，吃油要多样化，才能使食用油的营养价值与功能最大化**。

一种食用油的营养价值不但取决于油料本身，很大程度上也取决于加工过程。同样的油料，若采用先进合适的工艺进行加工，就能减少加工过程中营养素的损失，从而生产出既有良好感官性状，又富有营养的好油，否则，即使好的油料也制造不出好的油品。所以，抛开加工过程，笼统地说某种食用油是好油，这是不成立的。

2 食用油的等级

　　市面上的食用油通常分成2~3个等级，这种等级的划分因品种、制油工艺和精炼程度而异。例如，根据现行国家标准，菜籽油、大豆油、玉米油等分成三个等级，芝麻油和一些小品种的植物油一般分为二个等级。数字越小，代表等级越高。

> 一般在超市里能购买到的大多为等级最高的一级油，二级以下的油品很少见。

　　需要注意的是，在我国食用油国家标准中，除了特级初榨橄榄油以外，其他品种的食用油没有"特级""特优""顶级"等概念。

> 有人认为等级越高的精制油营养越好，这是消费者一大误解。

　　所谓精炼，并不是提炼出油脂中的营养物质，而是通过精制过程去掉杂质，如难闻的气味、过多的色素以及有害物质，这样油脂的品相就好多了，也提高了食用安全性，同时精炼油一般不易氧化，可以保存得更久，这些都是精炼油的优点。但是精炼过程在除去杂质的同时，许多有益的物质也部分损失掉了。由此可见，等级越高，说明精炼程度越高，即油的纯净度越高，但并不代表营养价值越高。

　　西方人喜欢吃生的蔬菜，辅以调味品拌菜，其中用得最多的是色拉油。色拉油无色无味，不会掩盖蔬菜固有的色泽和味道。由于凉菜做好后，常常需要冷藏，低温时不能出现凝固的现象，所以色拉油在冰箱冷藏低温下，必须维持透明的液体状态。

　　色拉油是用于调制色拉的一类油品，大多数常温下呈液态的植物油都可以制成色拉油，如大豆色拉油、菜籽色拉油等，所以色拉油不是油的品种，而代表油的等级。我国以前国家标准中也有色拉油这一个等级，2005年废止了，基本上相当于现在的一级油。

　　色拉油做烹调油有它的好处。比如说，可以保持菜肴的本色本味，高温烹调也没有油烟。因此色拉油可以成为烹调用油的一种选择，尤其适合口味清淡的人。但无论是从油脂精炼过程可能引起营养素的损失，还是从我国多数地区消费习惯和口味偏好来讲，将色拉油或一级油用作烹调油并非最优选。

3 好油三要素

餐饮烹调用什么样的食用油为好，这是家庭主妇最关心的一件事。

如果仅仅将食用油视为能量来源，那么能量密度或消化吸收率的高低，就是好油的评判标准。例如，在食不果腹的年代，能量密度或消化吸收率高的油品无疑是好的，而在当今，热值低或消化吸收差的油，则受到一些人群尤其是减肥者的青睐。

总体而言，各种常见食用油的能量密度和消化吸收率大同小异，可见好油的衡量标准只能来自其他。

我们认为，好油既要营养丰富，又要食用安全性高，具体来说，应符合三个要素。

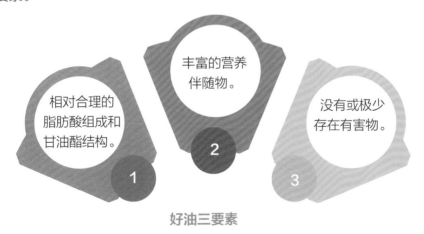

丰富的营养伴随物。

相对合理的脂肪酸组成和甘油酯结构。 1

2

没有或极少存在有害物。 3

好油三要素

其中，"没有或极少存在有害物"是指食用油生产和使用过程中应该通过各种措施，将有害成分控制到不会对健康产生不良影响的程度，这是好油的一个基本要求，即好油必须是符合食品安全标准的油品，是消费者可以放心食用的。2001年以来我国推出"放心粮油"工程，极大地提升了粮油食品安全，我国食用油的安全卫生是完全有保证的。

　　但仅仅符合食品安全标准的油品还不能称为好油。营养丰富乃是好油的充分条件。2017年，我国推出"中国好粮油"行动计划，制定了好油的标准，提出食用油产品不仅要保证"安全与卫生"，也要关注"营养与健康"，具体而言，就是要提高食用油的营养素密度，倡导脂肪酸和营养伴随物的多重平衡，例如，饱和脂肪酸和不饱和脂肪酸之间、不同类型多不饱和脂肪酸之间、脂肪酸和抗氧化成分之间等都要加以平衡。

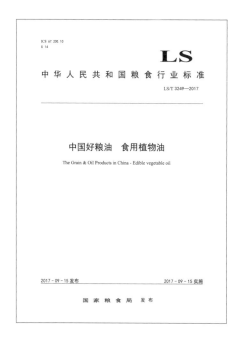

ICS 67.200.10
X 14

LS

中 华 人 民 共 和 国 粮 食 行 业 标 准

LS/T 3249—2017

中国好粮油　食用植物油

The Grain & Oil Products in China - Edible vegetable oil

2017 - 09 - 15 发布　　　　2017 - 09 - 15 实施

国 家 粮 食 局　发 布

　　这标志着我国食用油加工已经从讲究"吃得放心"阶段进入到注重"吃得好"的新阶段，食用油不再被单纯地充当烹调媒介和热量来源的角色，已经成为营养均衡的一大基石和载体。吃好油，促健康，已成全民共识。

　　当然，好油还应该有消费者需要的良好风味。但消费者的风味偏好具有很强的地域性和主观性，不可一概而论。

4 好油的加工过程

任何食品的营养价值和安全卫生状况都会受到加工过程的影响，食用油也一样，油的好坏与加工过程是密切相关的。好油的制造过程中应尽量保留更多的营养伴随物，去除已有的危害物并避免新危害物的形成。只有这样，油品的质量、安全性和营养才能得到大的提升。

由油料制得成品油的一般过程如下：

原料 → 预处理 → 压榨 → 浸出 → 毛油 → 精炼 → 成品油

大致上可以分为两大步。

第一步是制油

由原料到毛油的过程，包括原料预处理、压榨、浸出等工序，每一道工序又由多道操作组成。

第二步是精炼

从毛油到成品油的过程，由脱固体杂质、脱胶、脱酸、脱色、脱臭、脱蜡等5~6道工序组成。

在实际生产中，这些工序和操作可根据需要灵活选用和组合。

传统的工艺以取油为主要目的，较少顾及其他营养素和有益成分的保护，表现为制油时原料预处理过程简单，有害原料未能得到有效控制，压榨或浸出时工艺条件粗犷，如带壳压榨、高温焙炒、生坯浸出，导致毛油品质劣化，势必加大了后续精制的难度，迫使精炼时提高温度，延长时间，增加酸碱、白土等助剂用量，其结果是成品油中的营养素和有益物质大量流失了，油品质量降低，也影响食品安全性，同时成品出油率也受到影响。

王兴国，金青哲编著. 食用油精准适度加工理论与实践.
北京：中国轻工业出版社，2016.

为生产出好油，我国油脂科研人员开发出了精准适度加工新工艺，它是在科学认识油料、油脂中各种物质的组成、变化规律和量效关系的基础上，在满足食品安全要求前提下，兼顾成品油营养、口感、外观、出油率和成本而实施的先进合理加工过程，具体而言，新工艺由优选油料、精准识别、精细制油、适度精炼等四个环节构成。

通过精准适度加工，油脂中的有害物和多种不需要的杂质可大部分除去，大幅降低至食品安全许可范围之内，又不形成新的危害物，从而大大延长食用油的贮存期，提高食用安全性，而其中宝贵的各种有益伴随物损失不大，大部分得到保留，油脂得以保持良好的天然状态。目前，这种加工新模式已在全国粮油行业大面积推广。

5 膳食脂肪酸的相对平衡

在营养学上，平衡即合理，合理即平衡。相对合理的脂肪酸组成是好油的第一要素。

食用油的主要成分是各种甘油三酯，每个甘油三酯分子由1个甘油分子与3个脂肪酸分子结合而成。脂肪酸种类很多，通常可以分成饱和、单不饱和、多不饱和三大类脂肪酸，各大类之下还可以细分。例如，饱和脂肪酸可以分为短碳链、中碳链和长碳链等亚类，多不饱和脂肪酸可以分成ω-3和ω-6等家族。

常见植物油的脂肪酸组成（%）

油脂名称	多不饱和脂肪酸		单不饱和脂肪酸（油酸、芥酸）	饱和脂肪酸
	ω-3 脂肪酸（α-亚麻酸）	ω-6 脂肪酸（亚油酸为主）		
亚麻籽油	45~70	10~20	10~30	4~7
橄榄油	0~1	3~21	55~83	8~25
核桃油	6~18	50~70	12~35	3~16
油茶籽油	0~1.4	4~14	68~87	5~20
葵花籽油	0~0.3	49~74	14~39	9~16
低芥酸菜籽油	5~14	15~30	51~70	3~7
花生油	0~0.3	13~43	35~69	12~25
玉米油	0~2	34~65	20~42	14~21
大豆油	5~11	48~59	17~30	12~21
棉籽油	0~0.7	47~62	14~21	20~30

脂肪酸的相对分子质量远大于甘油，在甘油三酯分子中占的比重很大（95%左右），对甘油三酯乃至食用油的理化性质和营养功效起着主要影响。不同种类的食用油，其所含各种脂肪酸的类型和数量并不相同，那么，能否用脂肪酸组成作为食用油好坏的一种评价标准呢？

这就是食用油中脂肪酸组成是否合理、平衡的问题，有两层含义：

1　脂肪酸如同油脂的"指纹"，其种类、含量及其在甘油分子上的排布结构的不同，决定了油与油之间的差异。营养学界普遍认为，不同种类、不同排布结构的脂肪酸对健康的作用是不同的，日常饮食中各种脂肪酸都要有所摄取，数量上要平衡，但这种平衡不是绝对的，不存在严格固定的比例关系，只要在相对合理的范围内即可。

2　膳食脂肪酸平衡是针对一个人每天从全部食物中吃进去的所有油脂而言的，既包括看得见的油脂，如烹调油、奶油等食用油，也包括看不到的油脂，例如粮食、肉、蛋、奶中的油脂。不同人群和个体，其饮食习惯、健康状况不尽相同，有些甚至大相径庭，其食用油的脂肪酸组成是否合理，需要结合个人的全部食物情况，不能一概而论。如果所有人群和个体不加区别地食用同一种油品，势必会造成整体膳食中各类脂肪酸摄入的不平衡。

所以，离开一个人的饮食习惯和健康状况，离开他的主食，仅仅讲食用油中各种脂肪酸的"平衡"（例如"几比几"），不但没有意义，对健康也是不利的。

　　我们认为，既然各种类型的脂肪酸没有绝对的好坏之分，那么食用油也无绝对好坏之分。只能说，在吃油总量合理的前提下，如果某种食用油富含人们膳食结构中易缺乏的脂肪酸，那么该食用油就是比较好的，如果某种食用油富含人们膳食结构中不易缺乏甚至过量的脂肪酸，那么它就是不太好的。例如，当今大部分人群饮食中α-亚麻酸缺乏，亚油酸则普遍过剩，富含α-亚麻酸的植物油，如亚麻籽油、紫苏油、深海鱼油、核桃油、双低菜籽油、大豆油等，如果加工得法，都属于好油。

　　总之，脂肪酸组成可以作为食用油好坏的评价标准之一，但一种食用油本身所含各类脂肪酸不存在绝对平衡，评价一种食用油的脂肪酸组成是否合理，必须结合人群和个体的实际饮食情况，不存在普适的所谓"最佳比例"。

6 脂肪酸的类别

脂肪酸是油脂主要成分甘油三酯的基本组成单位，种类很多，常见的就有四五十种，根据碳链长短、饱和程度和人体必需性的差异，可分类如下。

① 碳链长短

根据碳链长短可分为长碳链脂肪酸（碳数14以上）、中碳链脂肪酸（碳数6~12）、短碳链脂肪酸（碳数6以下），但这种划分并不固定。

食用油的脂肪酸以链长为18个碳数的脂肪酸为主，如油酸、硬脂酸、亚油酸、α-亚麻酸等，还有16个碳数的棕榈酸。12个碳数的月桂酸和22个碳数的芥酸也较为常见。

长链脂肪酸
$$H-\overset{\overset{\displaystyle H}{|}}{\underset{\underset{\displaystyle H}{|}}{C}}-\overset{\overset{\displaystyle H}{|}}{\underset{\underset{\displaystyle H}{|}}{C}}-\overset{\overset{\displaystyle H}{|}}{\underset{\underset{\displaystyle H}{|}}{C}}-\cdots-COOH$$

长链脂肪酸的结构示意图
（以18碳硬脂酸为例）

中链脂肪酸

中链脂肪酸的结构示意图
（以8碳辛酸为例）

短链脂肪酸　$H-\overset{\overset{\displaystyle H}{|}}{\underset{\underset{\displaystyle H}{|}}{C}}-COOH$

短链脂肪酸的结构示意图
（以2碳醋酸为例）

② 饱和度

饱和度指示脂肪酸碳链中双键的数目，据此可分为饱和脂肪酸（无双

饱和脂肪酸

单不饱和脂肪酸

多不饱和脂肪酸

键）、单不饱和脂肪酸（一个双键）、多不饱和脂肪酸（两个或多个双键），这三类脂肪酸对人体健康的作用各不相同。

③— 人体必需性

根据脂肪酸对人体的必需性，可以将其分为必需脂肪酸和非必需脂肪酸。

人体内的脂肪酸可以直接来自食物，也可以体内自己合成。但人体并不能合成所有脂肪酸，必需脂肪酸就是指人体维持机体正常代谢不可缺少而自身又不能合成，或合成速度很慢无法满足机体需要，必须通过食物供给的脂肪酸。

只有ω-3家族的α-亚麻酸和ω-6家族的亚油酸才能称为必需脂肪酸。

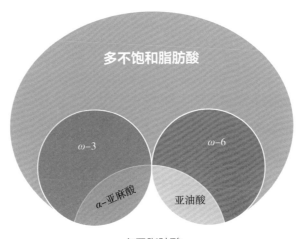

必需脂肪酸

7 ω-6脂肪酸和ω-3脂肪酸

多不饱和脂肪酸主要分为ω-6家族和ω-3家族两个大家族。

ω-6和ω-3不饱和脂肪酸都是细胞膜的主要构成成分，对于机体健康都非常重要，但各有其独特的作用，ω-6支撑身体，ω-3支撑大脑，常不能相互替代。

需要注意的是，ω-6与ω-3两大家族在人体内代谢时用到的酶系统相同，所以，当饮食中两大家族均衡时，它们的代谢产物也较为平衡，能够共同促进健康，如果其中一族摄入过多，它就会对酶过度占位，抑制另一族的代谢，二者的代谢产物失衡，身体就会出现问题。

ω-6与ω-3两者的恰当摄入比例为（4～6）∶1，而目前我国大部分居民饮食中这个比例已达到10∶1以上。这主要是因为ω-6丰富的食物较多，如大豆油、玉米油、葵花籽油等，一般不会出现摄入不足的情况；而ω-3丰富的食物不常见，它主要存在于南极磷虾、深海鱼类、海藻、亚麻籽、紫苏籽等食物中，居民平常吃得不多，导致摄入不足。我国人群由饮食摄入的α-亚麻酸往往不能满足人体需要，成为当前一个较为严重的营养问题。

对健康成年人，联合国粮农组织（FAO）和世界卫生组织（WHO）推荐以α-亚麻酸为代表的ω-3摄入量为男性1.5～6克/日，女性1.5～5克/日。

富含α-亚麻酸的食用油较少，仅人们平常不易吃到的亚麻籽油中含量较高（50%），常见的大豆油、双低菜籽油也含7%左右的α-亚麻酸。目前我国正在大力开发的一些木本油脂如核桃油、牡丹籽油、美藤果油，大都富含α-亚麻酸。消费者平时可以有意识地多食用这些油品及其油籽。

需要指出的是，**对大多数人来说，α-亚麻酸在体内转化为EPA和DHA的效率很低**，平均来说，只有不到5%的α-亚麻酸转化为EPA，只有不到0.5%转化为DHA。这种转化还取决于维生素、矿物质等营养物质的充足水平，婴幼儿、素食者、老年人或慢性病患者的转化率可能更低，因此这些人群平时宜适当补充EPA和DHA丰富的食物，如藻油、深海鱼类等。

ω-3支撑大脑

ω-3家族最主要的成员为α-亚麻酸，它在人体内进一步转化成更长碳链的二十碳五烯酸（EPA）和二十二碳六烯酸（DHA）等，DHA为神经系统细胞生长及维持所需的物质，是大脑和视网膜的重要构成成分，在人体大脑皮层中含量高达20%，在视网膜中所占比约50%；EPA则能够降低血液黏稠度，增进血液循环。人体如果长期缺乏α-亚麻酸，会导致一系列健康问题。

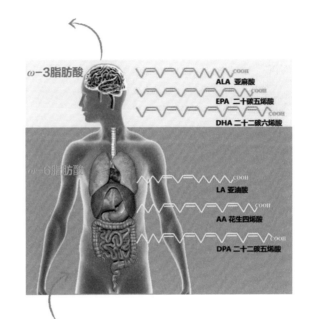

ω-6支撑身体

ω-6家族的主要成员为亚油酸，是人体各组织脂质的主要成分，它在人体内进一步转化成γ-亚麻酸和花生四烯酸（ARA）等，可激发机体产生炎症反应，协调激素水平，维持新陈代谢，促进健康。尤其在皮肤脂质中，亚油酸具有不可被其他脂肪酸替代的健康功能。

8 单不饱和脂肪酸

单不饱和脂肪酸是指含有1个双键的脂肪酸，它的代表是碳链长度为18的油酸。

一般认为，饱和脂肪酸摄入过量会增加患心脑血管疾病的风险，多不饱和脂肪酸的作用则相反，可以抑制血栓的形成，但摄入过量时易发生氧化反应，也会对人体造成损伤，而油酸作为单不饱和脂肪酸，化学性质稳定，不易氧化，既不升高也不降低血浆胆固醇水平，是"中性（惰性）脂肪酸"或"安全脂肪酸"。

油茶籽油（又叫山茶籽油）、橄榄油、茶叶籽油中油酸的含量很高，可以达到70%~80%，低芥酸菜籽油（又叫双低菜籽油、卡诺拉油、芥花籽油）、花生油也属于富含油酸的油品。

菜籽油在我国比较普遍，品种也较多，我国分低芥酸菜籽油（双低茶籽油）和一般菜籽油两大类。与低芥酸菜籽油不同，一般菜籽油的油酸含量较低，而富含另一种碳原子数为22的单不饱和脂肪酸——芥酸，至今尚没有证据证明芥酸对人体有害，但芥酸对人体的作用存在争议，因此，有人对食用一般菜籽油持谨慎态度。目前我国市场上销售的菜籽油大部分是低芥酸菜籽油，主要含有油酸，而芥酸含量很低。

需要说明的是，我国多个地区居民有长期食用一般菜籽油的历史，并未见其对身体有不良影响。所以，只要符合国家标准上市的菜籽油，不管是什么品种类型，都是可以放心食用的。

这两年，国内食用油货架上还出现了一些新品种的高油酸食用油，如高油酸葵花油、高油酸花生油、高油酸菜籽油等，这些油品国外市场已较早兴起。高油酸食用油从生产到销售、食用的过程中，稳定性都比较好，货架期长，市场潜力很大。

9 中碳链脂肪酸

中碳链脂肪酸一般指碳原子数为6~12的脂肪酸，包括己酸、辛酸、癸酸和月桂酸，但典型的中碳链脂肪酸仅包括辛酸（碳原子数8）和癸酸（碳原子数10）。富含中碳链脂肪酸的食用油称为中碳链甘油三酯食用油。

中碳链甘油三酯食用油的理化性质、在人体内的代谢途径都与普通的长碳链甘油三酯食用油显著不同，它具有"二快二低"的特点。

一快 一快是消化吸收快。相较于长碳链甘油三酯食用油，中碳链甘油三酯的消化吸收速度要快2~4倍，一般情况下，它从肠内吸收到血液只需要30分钟，2~3小时可达到高峰，而长碳链甘油三酯则需要5~6小时以后才可达到高峰。

二快 二快是转运代谢快。与长碳链甘油三酯不同，中碳链甘油三酯在体内转运路程短，可以不经过淋巴系统，就被肝脏快速代谢，给身体快速供给能量，这点与葡萄糖供能相似。

另外，中碳链脂肪酸在体内生成酮体的能力较强，饥饿时葡萄糖缺乏，此时酮体可通过血脑屏障，为大脑补充能量，延缓疲劳产生。

一低 一低是体脂肪积累低。大部分中碳链甘油三酯都被氧化分解用以提供能量，不易在脂肪组织和肝组织中蓄积。

二低 二低是净能量低。每克中碳链甘油三酯彻底氧化所提供的能量约为7千卡，比长碳链甘油三酯的9千卡低了20%以上，但仍约是葡萄糖供给能量的两倍。

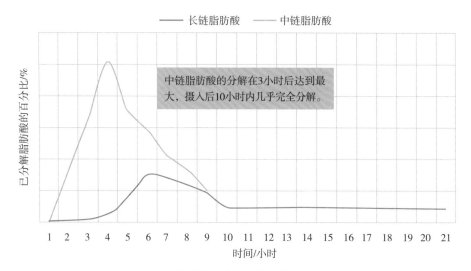

———— 长链脂肪酸 ———— 中链脂肪酸

中链脂肪酸的分解在3小时后达到最大，摄入后10小时内几乎完全分解。

已分解脂肪酸的百分比/%

时间/小时

两种甘油三酯的消化吸收速度

综上所述，中碳链甘油三酯可作为身体和大脑的快速热量来源，适合于对长碳链脂肪酸难以消化或脂质代谢紊乱的个体，如无胆汁症、胰腺炎、原发性胆汁肝硬化、结肠病、小肠切除者、早产儿、纤维囊泡症病人等。中碳链甘油三酯已经成为抢救危重病人的"脂肪乳"的主要成分，也适合用作减肥人士的低能量膳食成分。

天然富含中碳链甘油三酯的食用油很少，仅棕榈仁油、椰子油、乳脂含有一定量。为此，我国于2013年批准了合成的中碳链甘油三酯食用油作为普通食品原料使用。

中碳链甘油三酯食用油作为烹调油时，存在烟点低和易起泡等缺陷。2012年我国批准中长碳链脂肪酸食用油（MLCT）为新食品原料，这种油适合烹调使用，又具有减肥功能，是更为理想的能量来源。

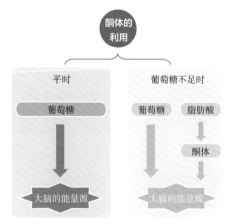

酮体可为大脑补充能量

10 油脂伴随物

食用油的主要成分是甘油三酯，还含有少量的其他物质，后者被称为油脂伴随物或类脂物。

油脂伴随物是在制油过程中伴随着油脂一起从油料中提取出来的一些微量物质，其种类、含量随油脂的品种、等级而变化，同一品种的油，精制程度越高，油脂伴随物含量往往越低。在精制油中其含量一般不到1%。

并非所有油脂伴随物都对健康有益，但其中很大一部分是有益的，可称为营养伴随物，在油脂加工过程中，要尽量保留这些营养伴随物。

常见油脂的营养伴随物

品种	主要营养伴随物
大豆油	维生素E、植物甾醇等
菜籽油	维生素E、植物甾醇等
花生油	维生素E、植物甾醇等
葵花籽油	维生素E、植物甾醇等
玉米油	植物甾醇、维生素E等
米糠油（稻米油）	谷维素、角鲨烯、植物甾醇等
亚麻籽油	木酚素、植物甾醇等
橄榄油	角鲨烯、橄榄多酚、维生素E等
芝麻油	芝麻酚、芝麻素、维生素E等
棕榈油	生育三烯酚、β-胡萝卜素等
油茶籽油	维生素E、角鲨烯、多酚等
小麦胚芽油	维生素E等

食用植物油中富含各种营养伴随物，大致可以分为两大类。

一类 脂溶性维生素，如维生素A、维生素D、维生素E等，它们是人体必需的微量营养素，其重要性不言而喻。

另一类 内源性的脂溶性植物化合物，如植物甾醇、甾醇酯、叶黄素、番茄红素、异硫氰酸酯、白藜芦醇、多酚等。研究证明，这些植物化合物对油脂本身具有保护作用，进入人体则起到改善生理功能、预防慢性病等各种有益作用。

这些营养伴随物均是食用油中的微量物质，所以每一种成分的量不必追求过高，但其种类则越丰富多样越好。这样，食用油具有多样性营养，消费者可以从中适度与均衡地获得各种有益成分，天然又不过量，真正做到合理平衡膳食。

11 食用油中的天然抗氧化物质

食用油易于氧化，氧化一旦发生，人们几乎无计可施，幸好食用油中也含有一些抗氧化的物质，可以延缓氧化的发生。

几乎所有的食用植物油都天然含有一些抗氧化物质，它们也是一些油脂伴随物。但不同种类的油脂中，抗氧化物质的种类可能不同，含量也有差别，其中，有些是各种植物油共有的，如维生素E、胡萝卜素、角鲨烯等。

某些植物油还含有一些自身独有的抗氧化物质。例如，芝麻油含有1%左右的芝麻木酚素类物质，米糠油含有1.5%左右谷维素，亚麻籽油含有木脂素，花生油可能含有白藜芦醇等。实际上，油中存在的天然抗氧化物质很多，至今尚未能一一探明。

富含天然抗氧化物质的食用油保鲜期较长，不易酸败变质。同时，大多数天然抗氧化物质往往也是人体所需要的，在体内可以起到延缓其他物质氧化、保护器官和组织的作用，具有一定保健功能。

即使如此，抗氧化物质也不宜摄入过多，通过人为地补充抗氧化物质来获得保健效果的做法并不科学，甚至可能有害，而平常食用富含天然抗氧化剂的食物（包括食用植物油），则既有营养，安全性也较高，值得提倡。

12 有助于改善免疫功能的食用油成分

免疫力是人体重要的防御机制，当细菌、病毒等威胁人体健康时，免疫系统会主动起保护作用，2020年突发的新冠肺炎疫情让提升免疫力成为全民共识。**食用油不仅是免疫细胞能量的重要载体，很多油脂成分本身在维持正常的免疫功能上也具有重要作用。**

其中首推必需脂肪酸——亚油酸、α-亚麻酸，及它们衍生的花生四烯酸（ARA）、二十二碳六烯酸（DHA）、二十碳五烯酸（EPA）等。它们既是细胞膜的构成成分，影响着免疫细胞的结构，同时，它们在体内合成各种类二十烷酸，包括脂氧素、消退素与保护素等，调控机体炎症反应，在早期免疫系统发育和整个生命周期免疫系统中具有重要的作用。

此外，不同来源的脂溶性成分，如共轭亚油酸、维生素D、维生素A、植物甾醇、角鲨烯、番茄红素、虾青素、类胡萝卜素等，可从多种角度抵抗"隐性饥饿"，维持促炎与抗炎反应平衡，改善机体免疫功能。

由于免疫系统的复杂性，要维持其正常运转，需要多种多样的营养素，而不单是某一种或某一类营养素。通常建议大家尽量吃多样化的食物，保证均衡营养。除了健康饮食之外，适度运动、缓解压力和足够睡眠对于免疫系统也非常重要。

当然，免疫力过高，人体也会出现异常情况，例如将尘埃、花粉、药物或食物等几乎所有物质都作为过敏原，刺激机体产生不正常的免疫反应。我国曾经有一大类保健食品可以声称具有"增强免疫力"的功能，从2016年开始不再使用这种说法，改为"有助于维持正常的免疫功能"的表述。

13 好油应没有或极少存在有害物质

食用油可能含有的有害物质有几种来源。

来源一

主要来源于油料生长、储运、加工环节由环境带入的有害成分，如重金属、农药残留、溶剂残留、真菌毒素、矿物油、塑化剂等。

来源二

制炼油加工过程中新形成的风险成分，如3-氯丙醇酯、缩水甘油酯、反式脂肪酸等。

3，4-苯并（a）芘等多环芳烃则可以来源于上述任一途径。

还有少数是某些油料本身固有的，如棉籽中的棉酚。

需要指出的是，家庭日常烹饪和贮存不当的话，食用油也可能产生一些不利健康的物质。例如，长期高温煎炸过程可以形成一些氧化产物。中餐多样化的烹调方法无形中避免了这些物质的大量产生。中餐也有油炸食品，如炸油条、炸油饼等，但不是主流，居民通常吃的不会太多，偶尔吃点并无坏处。

好油的一个基本要求是"没有或极少存在有害物质"，但这并非要求"零风险"，并非要求所有有害成分都达到先进技术手段也检测不出的程度。科学和实际的做法是，通过各种措施将有害物质控制到对消费者健康没有不良影响的程度。当然，对于那些不允许添加在食用油中的非法物质，如地沟油，则要完全杜绝，做到零容忍。

14 浸出油的营养价值与安全性

浸出是目前国际通用和主要的先进制油方法，目前全世界80%以上的植物油是由浸出法制得的，在欧美发达国家，这个数字已超过90%。

浸出法采用的是食品工程上的萃取原理，用食品级溶剂从固态油料中萃取油脂。萃取过程中并不发生油脂与溶剂的化学反应，可以认为是一种纯粹的物理操作过程。

浸出油的营养价值令人关注。这要从毛油和成品油两方面加以讨论。

从毛油看，油料中的营养物质如磷脂、维生素E、植物甾醇等在浸出过程中均会伴随油脂被提取出来，进入毛油中。由于浸出法取油比压榨法更彻底，这些营养物质也被提取出更多。所以，浸出毛油中的营养物质是极其丰富的。

无论是浸出毛油，还是压榨毛油，都必须经过精炼才能成为符合国家标准的成品油。

显而易见，成品油中营养物质含量的高低，一是取决于毛油品质，二是取决于精炼深度。若油料的质量不好，或制油过程粗犷，造成毛油品质变差，势必加重精炼深度，这种情况下，无论是浸出成品油还是压榨成品油的营养物质都会大量损失。反之，如果原料质量有保证，并做到精细制油，精炼适度，浸出成品油的营养价值是完全不逊色于压榨成品油的。

有媒体宣传浸出法采用普通汽油制油，这是误解。浸出法制油采用国际通用的己烷类溶剂，又称6号溶剂油、植物油抽提溶剂，它是专用于油料浸出的溶剂，与成分复杂的普通汽油有着本质的区别。这种专用溶剂是食品级的，芳香烃、铅、砷等有害物的含量都非常低。只要溶剂本身合格，并对浸出毛油实行常规精制处理，就能将溶剂最大限度予以去除，获得符合国家标准的成品油，不存在食品安全问题。

己烷类溶剂的沸点在60～70℃，所以很容易在100℃以上的精炼过程中脱除干净。实际上，国家标准规定一、二级油等高级成品油的溶剂残留为不得检出，也就是说，高级成品油中的溶剂残留非常低，即使使用先进仪器（如气相色谱仪）也是无法检测到的。

为了给消费者以知情权，我国国家标准曾规定食用油外包装必须标明制油工艺，但这并不意味着两种制油工艺在食品安全上有差异。实际上，高级成品油最初是由压榨法制取的，还是由浸出法制取的，常规检测手段是无法获知的。

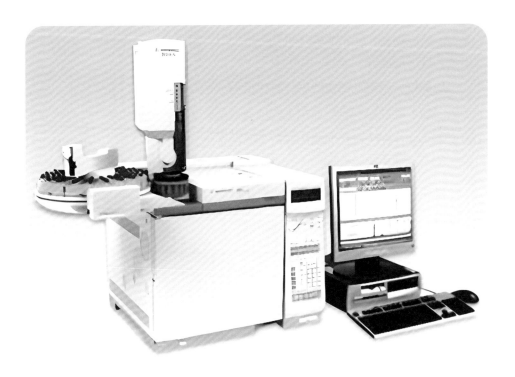

15 香油的安全性

　　芝麻香油、花生香油、菜籽香油等因具有各自特有的浓郁香味和滋味而受到消费者喜爱。但也有人对香油的安全性有疑问，这就要了解油的香味是如何形成的。

　　这些油的香味大都不是天然就有的，而是油料中的脂肪、蛋白质和糖类等成分，在油料焙炒、压榨等加工过程中逐渐形成香味并溶解在油脂中的，主要有以下几种形成途径。

　　一是美拉德反应，即食品中羰基化合物（还原糖类）和氨基化合物（氨基酸和蛋白质）经过复杂反应最终生成棕色甚至黑色的大分子物质。这是食品加工过程中普遍存在的一种非酶褐变反应，在正常制油的条件下，美拉德反应可以形成油脂的基本香味。

　　二是油料成分发生焦糖化反应、氧化反应等，形成的一系列风味物质也构成了油香味。

　　不同油料中脂肪、蛋白质和糖类的种类、含量不相同，故形成的香气也不一样。

　　香油的精制过程通常较为简单，一般只经沉淀、过滤而不经高度精炼，否则会严重损失香味。所以，香油大多保留了较多营养成分，烹调时适量使用，可提高菜肴营养和感官质量，增进食欲，还可在一定程度上减少用油量。

　　在生产香油时，对油料适度焙炒是产生浓郁香味不可缺少的环节，正常焙炒条件下形成的这些香味成分是相对安全的。但油不是越香越好，一味追求香味的倾向并不正确。因为上述呈香反应是以损失油料中的蛋白质、糖类、脂肪、维生素等营养成分为代价的，若控制不当，焙炒过头，不但带来不良风味，还会形成一些有害物质，如3，4-苯并（a）芘等，这是要力求避免的。

16 转基因油料油脂的安全性

用转基因油料生产的食用油安全吗？

这个问题的实质，是油料中的转基因成分——蛋白质和脱氧核糖核酸（DNA）与食用油是否有关。

食用油主要由甘油三酯组成，还含有少量类脂。而转基因油料中DNA仅表达在蛋白质中，不表达在甘油三酯和类脂中，故食用油的主要和次要成分本身都与转基因成分无关。

油料经过压榨或浸出工艺制得油脂，蛋白质等转基因成分都被留在饼粕中，即使有极少量混入油脂中，由于它们与甘油三酯的物理化学性质差异很大，很难与油脂共存，在油脂精制过程中可以被完全去除，所以精制食用油中是几乎检测不到转基因成分的。

万一油脂中可能残留转基因成分的片段，也不必担心，因为它们的分子结构经过油脂制炼过程中高温高压等工艺处理已经被严重破坏，失去了活性，不会存在食用安全隐患。

国家粮食储备局西安油脂科学研究设计院的研究结果表明，转基因油料油脂的特征指标和脂肪酸组成与非转基因油料油脂无明显的差别，动物急性、长期毒性实验均未发现转基因大豆油和棉籽油有危害性。

需要指出的是，各国对转基因食品的规定不同。我国允许使用转基因油料生产食用油，但规定必须在标签上注明"使用转基因原料"的字样，这样做的目的是告知消费者，以维护其知情权，而并非安全性警示。

综上，用转基因油料生产的食用油只要符合国家标准，安全性是没有问题的，消费者可以放心食用。

17 反式脂肪的安全性

大量、长期摄入反式脂肪，可以增加血清低密度脂蛋白数量，降低高密度脂蛋白数量，从而改变二者的比例，增大冠心病的发病率；反式脂肪比饱和脂肪更容易引发心血管疾病。

反式脂肪对心血管的这种影响是长期而缓慢的过程，并不是急性中毒，并且，是否真正产生危害，有一个前提条件：摄入量，即只有大量且长期食用，才会产生危害。

世界卫生组织（WHO）建议控制膳食中反式脂肪的最大摄入量不超过总能量的1%，按一个成人平均每天摄入能量2000千卡计算，每天摄入反式脂肪不应超过2克，低于该水平就是安全的。根据该水平，有些国家设定了食用油的反式脂肪限量标准，一般在5%以下，丹麦比较严格，为2%以下。

2003年中国疾控中心监测结果显示，中国居民反式脂肪人均摄入量在0.6克左右。2013年风险评估显示，膳食反式脂肪所提供的能量仅占膳食总能量的0.16%，远低于世界卫生组织建议的1%限值。因此，总体上中国居民反式脂肪的摄入量远低于欧美国家，处于相对安全、可以接受的水平。

我国传统饮食习惯与欧美国家差异较大，膳食脂肪包括反式脂肪大部分来自烹调用油，而非人造奶油、起酥油。烹调油在精炼、高温煎炸等加工过程仅产生少量反式脂肪，一般为总脂肪的2%以下，只要每人每天烹调油用量合适，就不会出现超量摄入反式脂肪的情况。

根据食品分析和流行病学调查结果，目前欧美国家反式脂肪人均摄入量有下降的趋势，发展中国家则有增加趋势。而我国饮食趋向西方化，人均油脂摄入量逐年增长，如果不加控制，不排除局部地区或特殊人群（尤其是城市白领和少年儿童）中出现反式脂肪摄入过多的情况。因此，要清醒认识到面临问题的严重性、紧迫性，要积极采取应对措施。

反式脂肪是一个大家族，根据来源，反式脂肪分为人工和天然两类，WHO仅控制和监管人工反式脂肪，而不包括天然来源，原因一是天然反式脂肪的健康影响尚不清楚，有些对人体是有益的；二是从膳食中完全消除反式脂肪几乎是不可能的，也没有必要，特别是乳制品和肉制品中的天然反式脂肪，如果强行消除，将会导致营养缺乏产生健康隐患。

反式脂肪的安全性问题要放到膳食脂肪的整体结构和平衡中去考虑才会有答案。降低或替代反式脂肪的举措，可能会增加饱和脂肪的摄入，这危害也不容小视。事实上，相对于反式脂肪，总脂肪摄入过多才是我们目前面临的更大问题，2021年我国每天人均吃油50克以上，这个量大大超过《中国居民膳食指南（2022）》建议的每人每天25～30克，所以应提倡少吃油，吃好油。食用油吃少了，反式脂肪的摄入自然也就少了。

18 调和油的特点

　　《中国居民膳食指南（2022）》强调食物要多样化，这对于食用油来说也不例外，也就是说各种食用油都要吃，品种要多样。

　　一般来说，各种油品的热量值大同小异，但其中营养成分种类和含量不同。调和油是两种或两种以上油品经过科学配比调制而成的，不仅脂肪酸组成的平衡性好于单一植物油，还含有更为丰富多样的微量营养成分。因此，在营养成分的多样性和合理搭配上，调和油比单一植物油更具优势。

　　尽管调和油具有上述各种优点，也应看到，由于以前我国食用调和油没有国家标准，食用调和油市场长期以来存在着标识混乱、名称繁杂和以次充好等问题，一个突出的现象是，有些企业往往以价格高而添加比例较少的油品来命名调和油。

　　为了规范调和油产品的市场行为，2018年出台的GB 2716—2018《食品安全国家标准　植物油》中对调和油作出了重要规定：

1 调和油统一称为"食用植物调和油"，不能以价格高的油品来命名。

2 调和油的标签标识要注明各种植物油的比例，也就是说必须公布调和油的配方。

　　可以相信，随着国家标准的发布实施，调和油的科学内涵和作为好油的营养价值一定会真正体现出来，并得到广大消费者的喜爱。

19 土榨油、自榨油的安全性

现在，一些小作坊生产的土榨油和家庭自榨油常被赋予"天然""营养"的概念而受到追捧。生产这些油时，一般只采用过滤和静置沉淀来去除毛油中的杂质，这样做的好处是保留了比较多的营养物质，也保留浓郁的风味，然而，它们的安全状况如何呢？

研究机构采集了110个来自多个省市地区的土榨花生油进行分析，结果表明，油中黄曲霉毒素B_1含量较高，不合格率为13.6%。2016年11月，广东省食品药品监督管理局发布283批次小作坊土榨油的监督抽检信息，不合格率为36.7%，不合格的项目涉及黄曲霉毒素B_1、3，4-苯并（a）芘、酸价等。

这就是说，土榨油、自榨油存在较大的安全隐患，究其原因，主要有三个方面。

① 原料

榨油用的原料是否新鲜，会对土榨油、自榨油的质量有很大影响。例如，高温高湿环境贮存的花生、玉米易发霉变质并产生毒素，这种毒素可以进入油中。正规的企业具备完善的原料采购、贮存体系，原料质量有保证，而小作坊和一般家庭均没有这样的条件。

② 加工

小作坊的加工环境较为脏乱，达不到工厂环境标准，容易造成外源性的污染。例如炒籽的烟气不及时排除，导致烟气中的致癌物质如多环芳烃污染原料。此外，一些小作坊为了追求出油率和浓香的风味，在极高温条件下长时间蒸炒油料，这会促进油料中脂类、糖类、蛋白质等成分的热解和聚合，容易产生苯并（a）芘。

③ — 贮存

土榨油、自榨油由于没有经过一系列的精炼过程，油中的杂质较多，含水量也相对较高，保质期就会比较短。由于不具备正规企业阴凉、干燥、避光的贮存条件，导致油脂氧化酸败加快，危害健康。

综上所述，**由于原料选用、加工和贮存工序不够合理完善，小作坊土榨油和家庭自榨油可能存在一定安全隐患，不值得提倡。**

20 动物油的特点

牛油、羊油、猪油等动物油营养丰富，美味可口，为很多消费者所喜爱。但也有很多人不这么认为，他们平时很少吃动物油，甚至避之不及，这对吗？

这个问题也要放到人们的膳食结构中去考虑才会有答案。

首先，动物油的范围非常广泛，猪油、牛油、羊油、鱼油等都是动物油，但它们各有自己的营养特点，一概说动物油都不好，是缺乏科学依据的。

动物油被认为含有太多饱和脂肪，并且富含胆固醇，故背负骂名。但这是片面的，并不符合实际情况。

其次，以饱和程度来划分动物油与植物油本身就很不严谨。实际上，大部分植物油的确饱和程度要低些，但也不乏饱和程度很高的品种（如椰子油），而不同来源的动物油中饱和程度差异也很大。例如，牛油和羊油中饱和脂肪酸占优势（约60%），但在食用频率较高的猪油中，饱和脂肪酸并不占优势，占比不到一半；而大多数鱼油尤其深海鱼油更是以不饱和脂肪酸为主，成为心脑血管疾病患者优选的保健品。

再次，鱼油含有二十二碳六烯酸（DHA）、二十碳五烯酸（EPA）、棕榈油酸，牛油含有共轭亚油酸，猪油富含特殊结构甘油三酯——油酰棕榈酰硬脂酰甘油（OPS）、油酰棕榈酰油酰甘油（OPO），这些成分为一般植物油和食物所缺乏，但为人体所需。从这个角度看，适当吃点动物油是有益处的。

最后，动物油与植物油的最大区别是两者含有的固醇种类不同。动物油普遍含有胆固醇。而植物油含植物甾醇（植物固醇），含胆固醇的量甚微。胆固醇是人体不可缺少的成分，任何一个细胞都少不了它，它还参与众多类固醇激素的合成。况且，人体内的胆固醇主要是自己合成的，并不是直接吃进去的。特别对婴幼儿来说，胆固醇尤为重要，适当摄入大有裨益。

在自然界，饱和脂肪酸超过总脂肪酸50%的食物品种并不普遍。专项的营养调查也证实，人们日常食物中饱和脂肪酸一般只占脂肪酸总量的30%左右。可见，动物油是人类饮食中正常的组成部分，适当摄入对膳食总饱和脂肪酸的贡献有限，不必过于忌讳。

当然，也不提倡多吃动物油，主要理由有二：

一是
动物油含天然抗氧化物质较少，易于酸败。

二是
担心一些来自饲料、环境的脂溶性污染物质，如激素、多氯联苯等主要集中于动物的脂肪组织中，如果制炼油技术不过关，会造成动物油中污染物的超标。

所以，即使喜爱动物油，也建议购买正规企业的产品，最好不要自己熬制。另外，对于"三高"患者，应注意降低摄入牛油、羊油、猪油的比例，不单指纯油，也包括食用畜肉时摄入的脂肪。

第四部分

善用油

1 健康吃油三原则

健康吃油就是要善用油。

生产好油并不容易，但即使生产出了好油，如果在食品加工、菜肴烹饪中用油不当，仍然会影响健康。而把油用好不是一件简单的事，需要学习油品选择、用量控制、食物加工和烹饪等方面的知识，才能充分发挥油的价值，把不利影响降到最低。

适量、多样化、恰当的烹调方式，才是健康的吃油方式。

① 吃油要适量

《中国居民膳食指南（2022）》推荐每人每日摄入烹调油量为25～30克，但调查发现，我国八成家庭每天吃油量超标，所以要限制油的摄入。

建议使用有刻度的油壶，每天有意识地减少用油量。或将全家每天应吃的油量倒入一个碗中，三餐用油只从这个碗里取，培养少用油的习惯。一个三口之家，每天吃食用油应在75克（1两半）左右。

② 吃油要多样化，并和日常饮食相协调

长期食用单一油品，容易造成脂肪酸和营养伴随物摄入的不平衡，所以油要轮换着吃，或者食用调和油。

食用油品种很多，轮换着吃，消费者会觉得麻烦。实际上，常见的动植物油脂按照脂肪酸组成可以分为四大类：

（1）饱和脂肪酸较多的，如猪油、牛油、羊油、椰子油等。

（2）单不饱和脂肪酸居多的，如橄榄油、茶籽油、米糠油、花生油、菜

籽油等。

（3）亚油酸居多的，如大豆油、葵花籽油、玉米油等。

（4）α-亚麻酸居多的，如亚麻籽油等。

饱和脂肪酸较多的油一般仅偶尔选用，不会多吃，后三类油用得较多，只要从每个类型中根据口味喜好和消费能力平衡选择，换着吃就可以了。

目前市场上大豆油、葵花籽油、玉米油的销售量大，有些家庭平时换着吃这三种油，鉴于它们都属于亚油酸居多的一类油，从脂肪酸平衡的角度看，轮换的意义不大。

如果平日以素食为主，则可以适量吃点猪油和饱和脂肪酸含量较高的植物油。如果平时吃肉较多，已经从食物中得到了较多动物脂肪，就应尽量少食用猪油、牛油等饱和脂肪酸含量较高的油脂。

豆制品吃得多的人，α-亚麻酸、亚油酸摄入已较为充分了，可选择橄榄油、茶籽油、花生油、米糠油等富含油酸的油脂。

③ 选择恰当的烹调方式

食用油的性质不稳定，在持续高温下会发生一系列化学变化，不仅损失掉维生素E、必需脂肪酸等营养成分，可能还会生成一些有害物。因此，推荐多用蒸、煮、炖、水滑、熘、拌、氽等低温且少油的烹饪方式，尽量不要超过七成热，少采用煎炸操作。初榨橄榄油、亚麻籽油等适合凉拌、浇淋。

2 炒菜用油的选用

如果家庭中经常高温爆炒制作菜肴，应选择热稳定性好、发烟点高的食用油，一般是油酸含量较高、亚麻酸含量较低的植物油，如油茶籽油、米糠油、花生油、菜籽油、棕榈液油及它们的调和油等，并选择精制程度较高的一、二级油，但仍然要注意控制好加热温度，尽量别冒很多油烟。

日常炒菜时，油温一般不会超过180℃，可选用绝大部分食用油，例如，大豆油、菜籽油、葵花油、玉米油及其调和油等，油温宜适当低些，烹调时间短些。

油炸是我国历史悠久的传统食品加工方法之一，中国八大菜系里面的菜品有相当一部分都是通过油炸进行烹饪的。油炸食品是我国居民日常饮食的组成部分，如果没有油炸这道工序，中餐就少了很多风味可口和营养丰富的菜肴品种。

餐饮烹饪如何选用煎炸用油？

家庭偶尔炸制食物，可以选用任何一种食用油。

家庭炸制食物时，有条件的话，最好每次都用新鲜油炸，不提倡煎炸油反复使用。但有人说连续炸三次的油就会致癌，事实并非如此。国家标准用酸价和极性物质含量两项指标来确定油的煎炸寿命，研究者发现在正常情况下即使连续煎炸十多次，这两项指标仍然是完全合格的。因此，油炸三次就会致癌的说法是没有科学依据的。

餐饮业中煎炸食物的操作通常在剧烈高温条件下持久进行，易使油脂劣化。因此，煎炸食物可用耐炸性好、油烟少的专用煎炸油，例如棕榈油、高油酸的植物油等。

3 煲汤、清蒸、凉拌用油的选用

煲汤、清蒸、凉拌时，温度一般不会高于100℃，对食用油的耐温性、烟点要求不高，所以几乎绝大部分食用油都可以选用。

如果经济条件允许，可以选择价格较贵、营养丰富的小品种油脂，如亚麻籽油、冷榨芝麻油、初榨橄榄油等。这些油也适用于作为"生食"的浇淋油。

如果希望不影响生食素菜、清蒸菜肴本身的风味，就要用色拉油制作，色拉油是欧美地区用于生食素菜专用的液态凉拌油。我国的一级油在等级上相当于色拉油。

4 烹调时火候的控制

不少人习惯等到油锅冒烟时再放菜，这是一大误区。

现在市面上最常见的是各种植物油的一、二级产品。它们已经经过了高度精炼，杂质很少，酸价很低，烟点多在200℃以上，所以不容易发烟。等到这些油加热到冒烟的程度，温度已经超过了200℃，这样的高温对营养素的破坏是很严重的，不但维生素E等脂溶性微量营养成分会被部分破坏，亚油酸、α-亚麻酸等必需脂肪酸也会被部分破坏，它们被破坏后，不仅失去了营养价值，还生成了多种有害成分，如过氧化物、醛类化合物。

日常炒菜时，油温应控制在150～180℃。这可以用一些简单方法判断。例如，锅中油加热时，可以把一根木筷或一小条葱丝插入油中，当筷子、葱丝四周冒出较多小气泡时，就可以下菜了。如果葱丝马上变黄，说明温度过高了。当油面出现翻滚或呈波纹状时，油温就超过190℃了。

减轻加热对植物油的破坏，避免生成有害物的另一个窍门是热锅冷油。先把油锅烧热，再倒油，直接就可以炒菜了，这时油温升得快，受热时间短，可以在一定程度上保护食用油。

有时候甚至可以直接加冷的油与食物同时炒，比如炒花生米、炒鸡蛋。

5 婴幼儿、孕产妇如何选用食用油

婴幼儿与孕产妇均属于生理特殊人群。

婴幼儿是人一生中智力及身体发育的黄金时期，任何一个部位的成长发育都离不开油脂，婴幼儿在身体迅速生长发育的同时，大脑的发育尤为迅速，大脑发育需要的营养素，按其重要性排列，脂肪排在第一位，母乳中油脂提供的能量占到50%以上。因为婴幼儿大脑发育需要更多的脂肪。所以**不宜采用低脂饮食**。

妊娠期和哺乳期的营养，对婴幼儿的身心健康和产妇的身体康复都很重要。在孕期和哺乳期，母体的生理出现明显的改变，而且不同时期的变化也不同，营养也相应要合理调整。总的来说，**孕产妇在自身代谢需要的同时还需要补充大量营养来保证胎儿/婴幼儿生长发育所需**，每天应比正常人多摄入更多能量，更多优质蛋白质，摄入富含不饱和脂肪酸的脂肪，此外，保证婴幼儿、孕产妇健康的许多维生素和重要生命物质都与食物中的油脂密切相关，这些营养成分也要保持均衡。

因此，婴幼儿、孕产妇对食用油的要求较高，主要体现在两方面。

一是在油脂的摄入数量上

　　婴幼儿膳食中脂肪供给能量占总能量的百分比要明显高于学龄儿童及成人。0~6个月婴儿的脂肪摄入量应占总能量的45%~50%，6~12个月为35%~40%，2~6岁为30%~35%，6岁后与成人一致为25%~30%。而孕产妇每天应比正常人多摄入200~500千卡能量，并摄入更多的富含不饱和脂肪酸的油脂。

二是在油品选择上

二十二碳六烯酸（DHA）和花生四烯酸（ARA）对脑神经系统和视网膜发育起重要作用，而α-亚麻酸和亚油酸在体内可以分别转化为二十二碳六烯酸（DHA）和花生四烯酸（ARA）。所以，对于婴幼儿、孕产妇，可选用富含二十二碳六烯酸（DHA）和花生四烯酸（ARA）的藻油、深海鱼油（包括深海鱼类）等，以及α-亚麻酸和亚油酸丰富的大豆油、亚麻籽油、核桃油等。

猪油与母乳脂肪的组成、结构有类似性，富含特殊甘油三酯OPS（油酰棕榈酰硬脂酰甘油）、OPO（油酰棕榈酰油酰甘油）和胆固醇，这些成分对婴幼儿的生长发育都大有裨益，故可以适当摄入。

在挑选这些食用油的时候，尤其要注意选择富含脂溶性维生素等有益成分的油品，为孕产妇和婴幼儿提供所需的营养。

婴幼儿开始吃油的时间需要根据辅食添加的情况来确定。宝宝6个月前，全部的营养来自母乳或配方奶粉，此时不需要额外添加食用油。建议在添加辅食进入颗粒状阶段之后逐渐开始添加油，如：在各种菜粥或是小面条中，滴入几滴油。7~12个月宝宝每日食用油的推荐量为0~10克，1~3岁宝宝每日食用油的推荐量是5~15克。

特别提醒的是，通常炒菜方式都是先热油再放菜，给宝宝做菜时，可以调换顺序，先放菜再加入少许油。这样，既能保证美味，也不会破坏油脂营养。

6 学龄儿童如何选用食用油

学龄儿童大脑的形态发育已逐渐接近成人水平，独立活动能力加强，消化系统等发育逐渐完善，可以接受成人的大部分饮食。他们在吃油数量上应与成人无异了，但他们学习任务重，用脑时间长，故与婴幼儿一样，充足的能量和营养是保证其生长发育的前提条件之一，不但不建议低脂饮食，对高脂肪食物也不必过分加以限制。

食用油首选α-亚麻酸和亚油酸这两种必需脂肪酸含量丰富的亚麻籽油、核桃油、大豆油、双低菜籽油等，也可适当选用花生四烯酸（ARA）和二十二碳六烯酸（DHA）含量丰富的藻油、鱼油等。

米糠油富含谷维素、生育三烯酚等天然活性成分，其中谷维素具有调节自主神经、改善睡眠、缓解疲劳的功效，生育三烯酚是脂溶性抗氧化剂，故米糠油也是学龄儿童优选食用油之一。

学龄儿童正处在生长发育期，食物宜多样化，不必过分限制动物油。最重要的是，要从小培养清淡不油腻的饮食习惯。

7　老年人、"三高"人群如何选用食用油

　　老年人群体的不断增长，是当前中国乃至世界的发展趋势。很多老年人都患有一定程度的"三高"。"三高"是指高血压、高血脂、高血糖，这类人群主要面临的是心脑血管疾病的危险。

　　另外，老年人消化吸收能力下降，对营养的摄入、利用率降低，导致营养的缺乏和免疫力的下降。2020年新冠肺炎疫情期间，老年人群的免疫问题成为最突出的问题之一。

　　老年人、"三高"人群通常是重叠的人群，对于"三高"人群来说，尤其应该采用低盐、低油、低糖的饮食。老年人的营养需要总原则也类似，即能量需要随年龄增加而递减，脂肪摄入不宜过多，应以多不饱和脂肪为主，优质蛋白质和膳食纤维的需要量增加，同时应该增加维生素D、钙等微量营养素的合理摄入和平衡。

　　老年人和"三高"人群平时要适当摄入一些肉、蛋、奶、鱼等动物性食品，以获得足够的优质蛋白质。鉴于动物性食品含饱和脂肪酸和胆固醇均较多，因此在食用油选择上，就要少吃动物油，而以摄入植物油为主，而且每天摄入的油量不能太高。

一款老年人每日膳食单为：

粮谷类340克，　　　　牛奶200毫升，

杂豆类10克，　　　　蔬菜400克，

豆制品50克，　　　　水果50～100克，

鱼禽畜肉140克，　　　干果20克，

鸡蛋40克，　　　　　烹调油16克。

可见这款老年人膳食的烹调油用量从常人的25～30克减少到了16克。

优选的食用油有两大类：

第一类是含α-亚麻酸多的亚麻籽油、大豆油、富含二十二碳六烯酸（DHA）和二十碳五烯酸（EPA）的深海鱼油等（包括深海鱼类）。

第二类是含油酸多的橄榄油、油茶籽油、低芥酸菜籽油等，例如，2007年我国卫生部发布的《防治血脂异常与心肌梗死和脑血栓知识要点》中就特意推荐过橄榄油、油茶籽油作为烹调油。

最好是这两类油轮换着吃，或者调和着吃。注意平时少吃饱和度高的植物油，以及饱和脂肪酸、胆固醇二者均高的猪油、牛油、羊油，也不要一直吃亚油酸含量高的葵花籽油、玉米油等。

8 减肥塑身人群如何选用食用油

肥胖是指身体中脂肪积聚过多或分布异常,其原因极其复杂,但从根本上说,它是由于机体能量长期失衡导致的,这种失衡既有数量上的,也有能量构成比例上的。

肥胖的发生与食物中三大能量营养素的数量、构成比例失衡有关,与食物中微量营养成分的盈缺有关,与人体内分泌系统也有关,肥胖涉及的体内分子数以百计。长期过量摄入精制食品,例如精制糖、过度精炼食用油,能量远超身体需要,而微量营养成分缺乏,身体处于不易察觉的"隐性饥饿"状态,就可能导致激素失衡,促进肥胖。

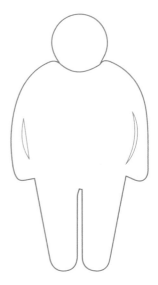

为此,减肥人群的饮食既要严格控制能量摄入,又要防止由节食带来的微量营养成分缺乏,日常要适量食用非精制食品,以增加多种微量营养成分的摄入。

从油脂的角度,就是在少吃油的同时,吃好的油。

油脂的能量密度很高,容易导致机体摄入能量超标,因此在限制膳食总能量的同时,必须控制油脂的摄入,或增加油脂的消耗,以阻止或减缓肥胖的发生。

当然,过低的脂肪摄入并不可取,因为体内贮存下来的脂肪未必都来自食物中的油脂,吃油过少,饱腹感差,就会导致多吃糖类、蛋白质,过多的糖类、蛋白质也可以转化成为体脂肪而贮存起来。

所以减肥塑身者并不需要严格避免脂肪摄入,相反,适当的脂肪摄入有利于控制健康体重。建议在膳食脂肪摄入量占总能量25%~30%的前提下,用餐七分饱，这样食物便只能供应即时需要的能量，身体迅速消耗糖类后即可以开启利用膳食脂肪乃至人体储脂分解供能的机制，这样就不太会出现多余热量转化成脂肪并囤积在身体里的情况。

食用油宜选用富含多不饱和脂肪酸和有益伴随物的植物油，以获得足够的必需脂肪酸、脂溶性维生素和植物营养素。推荐选用"中国好粮油"宣称的食用植物油，富含多酚、角鲨烯的初榨橄榄油，富含植物甾醇的米糠油、油茶籽油，富含棕榈油酸的沙棘果油，富含中长碳链甘油三酯（MLCT）、1，3-甘油二酯、共轭亚油酸（CLA）的功能性油脂，以及我国特有的小品种油脂，如长柄扁桃油、光皮梾木果油、香榧籽油、牡丹籽油等。

9 食用油价格的影响因素

为什么有些食用油价格高，有些比较低？

影响食用油价格高低的因素很多，例如产量、货源充足度、供应集中度、内在营养价值、加工成本等，**但最主要的因素是供应和需求的状况。** 如果这种食用油的原料产量、贸易量都很大，货源充足，供应集中，国内外市场竞争充分，那么其价格就会比较低，如大豆油、菜籽油。它们价格比较便宜，并不代表其品质比其他植物油差。

除了上述资源因素以外，有些小品种的食用油或含有常见食物中罕见的脂肪酸和甘油三酯，或含有功能独特的植物化合物。若这些成分对健康有益而人们膳食结构中又非常缺乏，油品的价格自然就贵了。

总之，**食用油价格高低的主要原因就是俗话所说的"物以稀为贵"。**

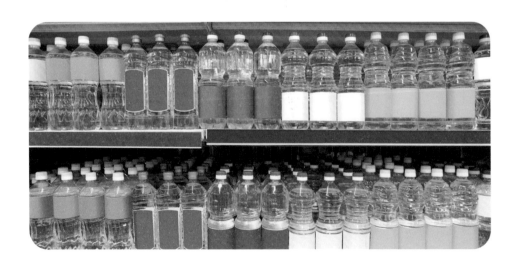

10 食用油的发朦、冻结现象

每逢冬季温度降低时，家里的食用油可能会出现各种发朦、冻结现象：有的出现絮状物，有的出现一些颗粒析出或沉淀，有的变成了固态的白色膏状，难以倾倒。这些油还能吃吗？这就要看这种现象发生的原因了。

食用油的发朦、冻结

食用油发朦、冻结的原因

1　　食用油是各种不同熔点的甘油三酯的混合物，一些熔点较高的甘油三酯容易在低温下结晶，使得原来澄清透明的液体油出现发朦、析出甚至冻结。对多数油品来说这是正常的现象，不影响油品的营养价值，当气温回升或加热时，油品就会恢复至正常的液体性状。因此，饱和脂肪相对高的油就易于凝结，如米糠油、花生油比较容易发朦，而菜籽油较抗冻。

2　　食用油通常含有一些微量的高熔点成分，如蜡质、谷维素、植物甾醇、单甘酯等，这些成分在较低温度下会缓慢析出，影响油品透明度，这些成分大都是有益无害的物质。

为什么同一种油，有的易发朦、结冻而有的不易？

这是因为油脂发朦、冻结是液态向固态变化的结晶过程。同一种油，因为产地不同，制油工艺不尽相同，化学组成和物质结构可能存在差异，在结晶过程中，有的易形成晶核，结晶速度快；而有的则不易形成晶核，结晶速度慢，所以即便是同一种油，抗冻性也会有所不同。甚至同一生产日期、同批次甚至同一箱油中，有的已经发朦了，而有的则没有。当然，如果持续、长时间地将油品贮存于特定低温下，最终都会发朦、冻结，并不是越早发生的油质量越差。

棕榈油、花生油在冬季会部分析出或全部冻结；米糠油在气温降至8℃以下时容易发朦甚至冻结；大豆油、玉米油、菜籽油一般在0～5℃时发朦很少，如果在0℃以下长期存放，也会出现部分发朦及全部冻结现象。

总之，如同水在低温下会结成冰一样，低温下食用油出现发朦、冻结现象，通常只是正常的物理形态变化，其化学成分并没有发生任何变化，味道也不会改变，只要适当加热，食用油就会熔化恢复成液态，不影响食用和营养价值，只要产品在保质期内，消费者即可放心食用。

11 食用油的返色现象

食用油的色泽非常直观，它常常是影响消费者选购食用油的重要因素之一。

食用油返色又叫回色，是指食用油在运输、贮存和使用过程中色泽由浅变深变红的现象。几乎所有食用植物油都会出现不同程度的返色，其中以玉米油、大豆油、菜籽油和米糠油最为常见，返色速度有时很缓慢，有时很快，尤其在多次开启倒取后容易发生返色。

食用油返色（从左至右色泽加深）

一种食用油返色的程度反映了该种油脂色泽和品质的稳定性。返色的原因较为复杂，涉及原料质量、加工工艺、贮存条件等方面，近年来，食用油的返色程度已得到很大缓解，但这一难题尚未得到根本解决。如何有效控制返色现象，是油脂行业迫切需要解决的难题。

已有研究表明，返色主要与油中内含的γ-生育酚（维生素E的一种成分）的结构变化有关，这种结构变化一般不存在食品安全方面的隐患。因此，对于轻微返色的油品，只要其色泽指标符合国家标准，仍然是可以放心食用的，如果返色程度较深，其色泽指标不符合国家标准了，就不宜食用了。

12 家庭炸制食物后剩余油的使用

炸制食物后剩余的油也叫老油。油炸是食物传统加工方法之一，炸制过程中油脂会发生起泡和氧化、水解、聚合等反应，产生醛、酮、内酯等化学物质，长时间煎炸食物后的油脂中可以检测到对人体有害的物质。因此，食用油最好不要重复多次用来煎炸食物。

炸制过程中的起泡现象

当然，家庭烹调菜肴时，煎炸次数一般不会太多，这种情况下，有害物质的含量非常低，远未达到影响健康的程度，剩余的油也没有达到废弃的程度，仍然可以食用。

这种剩余油在食用前，可先静置一段时间，让其中的渣子沉淀下来并弃掉，上层较为清澈的部分可继续食用，但也要掌握几个原则，一是要避光密封保存，二是要尽快用完，三是要避免高温加热。这是因为剩油比新油更容易发生酸败，而光照、接触空气、高温会加速油脂的酸败，产生哈败味和不健康的物质。

13 合理使用富含α-亚麻酸的油脂

像亚麻籽油、牡丹籽油、紫苏籽油这些富含α-亚麻酸的食用油一般是不太稳定的，尤其在贮存和使用不当时。长期贮藏、频繁开启倒取、煎炸或爆炒等持续高温烹调都会使其迅速氧化，不但导致α-亚麻酸的损失，还会形成一系列氧化产物，影响菜肴风味，不利健康。

α-亚麻酸含量较高的油脂使用宜忌

宜	不宜
在避光、阴凉处贮存或置于冰箱冷藏 凉拌水煮或浇在烧好的菜上 短期内食用完	敞口保存 煎炸烧烤

有时亚麻籽油会呈现苦涩味，这是其中存在的微量物质——环亚油肽的结构发生了变化所致，不代表亚麻籽油酸败了。

如果出现了哈败味，说明油品变质了，就不能吃了。因此，在购买来的亚麻籽油中添加少许芝麻香油，或与其他稳定性好的油品混合食用，或放一个刺破的维生素E胶丸，都有利于提高该类油脂的稳定性。建议平时吃亚麻籽油较多的人注意适当补充维生素E等。

14 合理使用橄榄油

橄榄油来源于油橄榄，富含油酸，多不饱和脂肪酸含量低，故不易氧化，稳定性和耐热性均好，理论上适合烹调各种食物和各种烹饪方法，但橄榄油品种规格较多，它们的营养价值并不相同，用途上也有所差别。

橄榄油通常被分为初榨橄榄油、精炼橄榄油两大类。

初榨橄榄油

由新鲜橄榄果冷榨而成，几乎保留了上百种微量有益伴随物，超过常见植物油。

精炼橄榄油

经过了精制处理，其中的有益伴随物已有所损失，因而其营养价值稍逊于初榨橄榄油。

市场上可见的"纯正橄榄油""有机特纯橄榄油""100%纯橄榄油""超纯橄榄油""橄榄调和油"等产品，都是不正规的名称，它们实际上多为初榨橄榄油、精炼橄榄油相混合的油品，即混合橄榄油。

精炼橄榄油或混合橄榄油的使用方式与菜籽油、花生油等大宗植物油并无太大差别，适合各种中式烹饪方法。

初榨橄榄油则有所不同，初榨橄榄油还可细分为特级初榨橄榄油和优质初榨橄榄油。初榨橄榄油不但油酸含量高，而且富含多酚类物质和角鲨烯等有益伴随物，还具有浓郁的果香或呈现特征的苦涩及辛辣味，综合构成了其特殊的营养价值和口感。

在地中海地区膳食结构中，初榨橄榄油的传统食用方式是沾面包吃，这不太适合国人，一种比较适合中国人饮食习惯的用法是在凉拌菜中添加初榨橄榄油。

在中式餐饮烹饪中，大多数人觉得初榨橄榄油只适合做凉拌菜，不适用于热菜。这种说法有一定道理，但不完全正确，要看具体场合。

若用于一般蒸、炒、炖、煮，用初榨橄榄油是完全可以的，但这并不是它的最佳用途，有点大材小用。

初榨橄榄油是否适合煎炸？

如果家庭偶尔炸制食物，当然是可以的，因为它富含油酸和各种抗氧化成分，在高温下稳定性优异，不像一般植物油那样怕油炸。但鉴于其烟点较低（一般在170℃上下），也不建议在较高温度下进行煎炸。餐饮业中炸制食物的操作通常需要在高温条件下持久进行，此时初榨橄榄油就更不合适了，除了太贵外，其富含的热敏性有益伴随物势必损失一大部分，有些得不偿失。

在中式热菜中使用特级初榨橄榄油的另外一种方式，是先将蔬菜煮熟，再拌以橄榄油。

初榨橄榄油富含微量营养成分，对光线比较敏感，建议选择深色玻璃瓶等不易透光的包装容器贮存。

15 家庭自制食用调和油

任意挑几个品种的食用油轮换着吃，比长期吃单一种油品为好，但这仍很难达到营养平衡，所以建议吃食用调和油。

除了购买成品调和油，家庭也可自制调和油，但如果没有科学理论作为依据，只是随意地把几种油脂混合一下，并不能合理地调配营养，做不到脂肪酸和微量营养成分的均衡，这样的油也不是调和油。

家庭自制调和油的要点

一是选用精准适度加工大宗食用植物油作为基础油，例如有"中国好粮油"宣称的大豆油、葵花籽油、玉米油，这些油品质优价廉，亚油酸含量较高，且有益伴随物保留率高，营养成分丰富。

二是适当添加油酸、α-亚麻酸含量高且有益伴随物丰富的油品，例如选用花生油、菜籽油、橄榄油等以提高油酸含量，选用亚麻籽油、核桃油等以提高α-亚麻酸含量。

基础油	油酸型油品	α-亚麻酸型油品
大豆油、葵花籽油、玉米油等	花生油、双低菜籽油、橄榄油、米糠油等	亚麻籽油、核桃油、牡丹籽油、美藤果油、紫苏油等

将基础油、油酸型油品、α-亚麻酸型油品按5∶5∶1的比例调和即可。这样自制的调和油，脂肪酸和微量营养成分的均衡性都提高了。

需要注意的是，家庭自制调和油一次不要调制太多，最好现调现用，因为调和时会融入空气，这会增加油脂氧化酸败的可能性。也可以适当添加新鲜的芝麻香油，既改善风味，也提高氧化稳定性。

16 减轻油烟综合征

油烟综合征也叫"醉油"。经常在油烟较多的厨房环境中烹调食物的人，会感到头晕、恶心，罪魁祸首就是厨房油烟。厨房是家庭中空气污染最严重的空间，其污染来源主要有两方面。一是从煤、煤气、液化气等火源中释放出的一氧化碳、氮氧化物等有害气体和颗粒，如PM2.5；二是烹饪时产生的油烟，其有害成分为油脂加热分解出的甘油经脱水氧化后释放的丙烯醛等物质。

油烟综合征的预防措施有以下几点：

① 改变烹饪方式，油温不要过热，尽可能不超过150℃（以油锅冒烟为极限），多采用"热锅冷油"以及焯、煮、清炖等无油烟烹饪方法，减少油炸次数，多使用微波炉、电饭锅，减少厨房明火作业。

② 选购杂质少、烟点较高的精制食用油，不要使用反复烹饪过的油脂。

③ 要做好厨房的通风工作，烹调时打开厨房门窗让空气流通，尽量选用性能好的抽油烟机。烹饪结束后继续开油烟机5～10分钟。现在时尚的厨房装修多采用开放式设计，若做饭时会产生较大的油烟，抽油烟机不能很好地聚敛、排放油烟，因此最好在灶具旁加一个隔断。

④ 选用无油烟锅，其锅底厚度有4毫米左右，比普通锅厚了一倍，锅的导热性和蓄热性较好，受热均匀，消除了局部过热现象，烹调时油烟明显减少。

⑤ 烹调后用香皂加温水充分清洗脸部及手部，去除附着的油烟残渍。做饭时戴口罩也可减少油烟的伤害。

17 烹调中减少食用油用量

在日常烹调食物时使用一些技巧，即可减少油脂用量。

① 尽量选用少用油甚至不用油的烹饪方式，采用蒸、煮、炖、焖、涮或凉拌方式，由于不需借油加热，较煎、炸、爆炒的方式减少了油的用量。

② 家庭使用带刻度的控油壶，定量用油，总量控制。

③ 炒菜后控油，把锅斜放两三分钟，让菜里的油流出来，再装盘，流出的油收集另用。

④ 凉拌菜最后放油，马上食用，这样，油脂来不及被菜吸收，需要的油量比较小。

⑤ 肉类、不易熟或易吸油的食材，烹调前先汆烫，不但可融化去除部分脂肪，而且焯水后食材表面有一层水，隔绝了油的渗入。

⑥ 肉类本身就带有油脂，烹调时，可在不加油的情况下，先将食材下锅稍炸出油，再用炸出的油炒其他菜肴，这样不但减少了油的用量，肉本身吃起来也不会油腻。

⑦ 把食材切大些，比切小些省油，食材切成细条或丝状后，因总面积大，易吸附更多油脂。

⑧ 勾芡使用淀粉，会增加食物吸油量，芡汁越稠吸油越多，宜尽量避免。

⑨ 有时候人们多用油，是为了使食物更有味、可口，为减少这部分用油量，可适当加香辛料，或加点酒，或使用有香味的油脂替代味淡色浅的油品。

⑩ 使用不粘锅、平底锅、烤箱、电饼铛等器具，均可减少烹调用油量。

⑪ 在家庭烤肉、制作烘焙食品等场合，可采用喷雾型的食用油。

18　家庭保存食用油

食用油要避免敞口放在阳光直射和高温的地方，要选阴凉、通风、干燥处密封贮存。

1 密封

油瓶要密封，倒油后及时盖紧盖子，不要留有空隙。大桶油可以用油壶分装，油壶则选择磨砂工艺或不透明的更安全一些。

不同的油品，由于脂肪酸组成和内含抗氧化物质的差异，保质期是不一样的，但对于多数油品，在良好的密封条件下，保质期一般可以达到18个月。

需要指出的是，食用油的保质期指的是密封条件下可保持食用品质的时间。一旦打开油桶（瓶）盖，油与空气接触，保质期就大大缩短了，在夏天，只需1个月油就会氧化变质，所以食用油开封后即使在保质期内，也不一定就是安全的。实际上，就算不打开盖，由于塑料油桶（瓶）的阻隔性较差，阳光和氧气也易透入，时间一长，油的质量就会渐渐变差。

2 低温

食用油要放置在阴凉处，贮存温度10～25℃为宜，也可以置于冰箱冷藏处，不使用时远离炉灶，避免靠近暖气管道、高温电器等地方。

3 背光

不要把油瓶摆在窗台等阳光能直射的地方。在存放大桶油时，可以用黑色塑料袋密封住。紫外线、紫色和蓝色光能加速油脂氧化，而绿色和棕色光则不会，故高档食用油可用绿色的玻璃瓶装。

4 避免旧瓶新装

油脂的氧化变质有很强的"传染性"，如果把新鲜油脂放在留有残油的旧油瓶中，那么新鲜油就会很快劣变，所以油壶要定期清洗或更换。

5 小瓶保存

为了预防食用油变质，小家庭最好别购买大桶食用油，而是购买小瓶食用油。

买大桶油然后每天打开盖子倒取油脂是很不可取的，因为这样空气容易进入，会加速油脂酸败，而且营养成分也会大量损失。

科学的做法是定期倒出一部分油装入干净带盖的小容量油瓶或油壶中，并将大桶油的盖子拧紧。倒出的油尽量在1周之内吃完，大桶油尽量在2个月内吃完，平时在密闭背光阴凉处保存。大桶油开封时可以放一粒刺破皮的维生素E胶丸，既延长保质期，还能提高食用油的营养价值。

附

录

消费者日常用油测试题

1. 您平时吃调和油吗？

2. 您去超市选油会关注压榨工艺和浸出工艺吗？

3. 您去超市选油会在意转基因成分吗？

4. 您平时购买大桶的油还是小瓶的油？

5. 您经常自己煎炸食物吗？

6. 您平时喜欢吃油炸食品吗？

7. 您喜欢吃坚果吗？

8. 您常点外卖吗？

9. 您家里经常吃什么油？

10. 您认为大豆油、葵花籽油和玉米油是同一类油吗？

11. 您平时吃亚麻籽油、橄榄油等小品种的油脂吗？

12. 您家里平常调换着吃油吗？

13. 您一家每个月吃多少油？

14. 您外出用餐的机会多吗？

15. 您家炒菜用油有控制措施吗？使用哪种能指示重量或体积的用具？

16. 您家里是否喜欢热炒的烹饪方法？

17. 您认为可以吃动物油吗？

18. 您认为食用油酸败后只要精炼干净再吃就安全了吗？

19. 您常吃土榨油吗？

20. 您吃菜喜欢喝汤吗？

常见食物的典型油脂含量

食物名称	油脂含量（克）
核桃（干）	58.8
葵花籽（炒）	52.8
鸭蛋黄	50
花生米	44.4
香肠	40.7
巧克力	40.1
牛肉干	40
猪肉	30.4
油饼	22.9
方便面	21.1
大豆	18.4
薯条	15.5
火腿肠	10.4
面包	5.1
牛奶	3.2
烙饼（标准粉）	2.3
栗子	1.5
花卷	1
粳米饭（蒸）	0.3
榨菜	0.3

注：以每100克可食部分计算。

各类人群膳食能量需要量和脂肪推荐摄入量

人群（岁）	能量（千卡/天）		脂肪（占能量百分比）
	男	女	
0～	90（千卡/千克每天）		48
0.5～	80（千卡/千克每天）		40
1～	900	800	35
2～	1100	1000	35
3～	1250	1200	35
4～	1300	1250	20～30
5～	1400	1300	20～30
6～	1600	1450	20～30
7～	1700	1550	20～30
8～	1850	1700	20～30
9～	2000	1800	20～30
10～	2050	1900	20～30
11～	2350	2050	20～30
14～	2850	2300	20～30
18～	2600	2100	20～30
50～	2450	2050	20～30
60～	2350	1950	20～30
80～	2200	1750	20～30
孕妇（早）		+0	20～30
孕妇（中）		+300	20～30
孕妇（晚）		+450	20～30
乳母		+500	20～30

数据来源:《中国居民膳食脂肪和脂肪酸参考摄入量（2013版）》，能量需要量仅列出了身体活动水平中等人群的数据，轻、重体力活动者的能量需要量在此基础上增减。"+"表示在同龄人群基础上额外增加值。

常见食用油的特点和使用建议

油脂种类	脂肪酸组成特点	营养伴随物组成特点	使用建议
大豆油	亚油酸-油酸型，α-亚麻酸适量	维生素E、植物甾醇	
核桃油	亚油酸-油酸型，α-亚麻酸适量	维生素E、植物甾醇	
玉米油	亚油酸-油酸型	植物甾醇、维生素E	
小麦胚芽油	亚油酸-油酸型	维生素E、植物甾醇	
葵花籽油	亚油酸-油酸型	维生素E、植物甾醇	
棉籽油	亚油酸-油酸型	维生素E、植物甾醇	
芝麻油	亚油酸-油酸型	芝麻木酚素、维生素E	
花生油	油酸-亚油酸型	维生素E、植物甾醇	
米糠油（稻米油）	油酸-亚油酸型	谷维素、角鲨烯、植物甾醇	
低芥酸菜籽油	油酸-亚油酸型，α-亚麻酸适量	维生素E、植物甾醇	
一般菜籽油	芥酸-油酸型，α-亚麻酸适量	维生素E、植物甾醇	
亚麻籽油	α-亚麻酸型	亚麻木脂素、植物甾醇	避免长时高温
紫苏油	α-亚麻酸型	维生素E、植物甾醇	避免长时高温
牡丹籽油	α-亚麻酸型	维生素E、植物甾醇	避免长时高温
美藤果油	α-亚麻酸型	维生素E、植物甾醇	避免长时高温
香榧籽油	金松酸丰富	维生素E、植物甾醇	避免长时高温
油茶籽油	油酸型	维生素E、角鲨烯、多酚	
茶叶籽油	油酸型	维生素E、角鲨烯、多酚	
特级初榨橄榄油	油酸型	角鲨烯、多酚	避免长时高温
精炼橄榄油	油酸型	角鲨烯、多酚	
棕榈油	油酸-饱和酸型	维生素E、胡萝卜素	与其他植物油搭配
猪油	油酸-饱和酸型		与其他植物油搭配
牛油	饱和酸型		与其他植物油搭配
羊油	饱和酸型		与其他植物油搭配
奶油	饱和酸型，中碳链脂肪酸丰富		与其他植物油搭配
椰子油	饱和酸型，中碳链脂肪酸丰富		与其他植物油搭配
棕榈仁油	饱和酸型，中碳链脂肪酸丰富		与其他植物油搭配
鱼油	棕榈油酸、二十二碳六烯酸（DHA）、二十碳五烯酸（EPA）		火锅用油
ARA藻油	花生四烯酸（ARA）		避免长时高温
DHA藻油	二十二碳六烯酸（DHA）		避免长时高温

注： 未给出建议的油品适合于各种中餐烹调方式。

参考读物

［1］ 陈君石. 膳食脂肪与健康［M］. 沈阳：辽宁科学技术出版社，2008.

［2］ 刘志皋. 食品营养学［M］. 北京：中国轻工业出版社. 1991.

［3］ 杨月欣. 营养素的故事［M］. 北京：北京大学医学出版社，2009.

［4］ 于康. 从"宏量"到"微量"-营养与健康［M］. 北京：科学出版社，2007.

［5］ 王兴国. 食用油与健康［M］. 北京：人民军医出版社，2011.

［6］ 何东平，王兴国，闫子鹏，相海. 食用油小百科［M］. 北京：中国轻工业出版社，
2012.

［7］ 邝易行. 选对食用油［M］. 北京：生活·读书·新知三联书店，2010.

［8］ 库宝善. 不饱和脂肪酸与现代文明疾病［M］. 北京：北京大学医学出版社，2006.

［9］ 陈其福，曾晓飞. 神奇的脂肪酸ω-3［M］. 上海：上海三联书店，2007.

［10］ 赵霖，鲍善芬，傅红. 油脂营养健康［M］. 北京：人民卫生出版社，2011.

［11］ 傅国翔. 食之有道［M］. 北京：生活·读书·新知三联书店，2012.

［12］ 王强虎. 吃出健康脂肪［M］. 西安：西安交通大学出版社，2006.

［13］ 中国营养学会. 中国居民膳食营养素参考摄入量（2013版）［M］. 北京：科学出版社，2017.

［14］ 中国粮油学会. 粮油食品安全与营养健康知识问答［M］. 北京：科学普及出版社，2015.